STEINE

Herausgegeben von
Monika Wagner, Michael Friedrich

# STEINE

## Kulturelle Praktiken des Materialtransfers

DE GRUYTER

ISBN 978-3-11-047406-0

*Library of Congress Cataloging-in-Publication Data*
A CIP catalog record for this book has been applied for at the Library of Congress.

*Bibliografische Information der Deutschen Nationalbibliothek*
Die Deutsche Nationalbibliothek verzeichnet diese Publikation in der Deutschen Nationalbibliografie; detaillierte bibliografische Daten sind im Internet über http://dnb.dnb.de abrufbar.



Einbandabbildung: Hu Ruosi: *Mi Fu verneigt sich vor einem Stein* (Detail), Sammlung Yu Ying, Shanghai.
Satz: SatzBild Sabine Taube, Kieve
Druck und Bindung: Hubert & Co. GmbH Co. KG, Göttingen
Gedruckt auf säurefreiem Papier
Printed in Germany

www.degruyter.com

# INHALT

# EINFÜHRUNG

Steine sind mobil. Manche kommen aus fernen Ländern, von anderen Kontinenten, und als Meteoriten gar aus dem Weltall. Nicht in ihrer ursprünglichen Umgebung, nicht dort, woher sie stammen, sondern durch den Transfer in entfernte Gegenden, in *kulturelle* Kontexte, erst durch die Differenz also, gewinnen Steine ihre Bedeutung. Aus einem Fels- oder Bergmassiv durch Erosion oder durch menschliche Arbeit herausgelöst, teilen Steine ihre Eigenschaften mit denjenigen der Matrix, aus der sie stammen. Sie sind Zeugen und zugleich Ergebnis der Entstehung der Erde oder eines anderen Himmelskörpers. Aus menschlicher Perspektive sind sie – wie die unbeweglichen Felsen und Berge – unvorstellbar alt. Dieses schier grenzenlose Alter projiziert sich auch in die Zukunft. Das macht Steine für alles, was lange Bestand haben soll, etwa für Inschriften, Denkmäler, für Kunst- und Bauwerke besonders geeignet. Doch die Kulturgeschichte der Steine beschränkt sich nicht auf die mehr oder weniger kunstvolle Bearbeitung des Materials. Vielmehr kommt auch unbearbeiteten Steinen in verschiedenen Kulturen als Gegenstand religiöser, philosophischer oder ästhetischer Betrachtungen hohe Bedeutung zu. Der Naturstoff erweist sich, wie Theodor Adorno formulierte, als „historisch durch und durch".[1]

Welche spezifischen Qualitäten Steine – sei es ihre Härte, Dichte, Farbigkeit, Textur oder ihr Klang, ihre Herkunft oder ihre Gestalt – besondere Wertschätzung erfahren, und welche Bedeutungen den Steinen jeweils zugeschrieben werden, lässt sich nur anhand konkreter historischer Kontexte klären. Die Geschichte kultureller Praktiken im Umgang mit Steinen sieht in China oder Japan anders aus als in Europa, doch gibt es auch Gemeinsamkeiten. Die 1692 publizierten Beobachtungen des Botanikers und Gärtners am Dresdner Hof, Georg Meister, werfen ein Schlaglicht auf Unterschiede, die in den jeweiligen kulturellen Traditionen verankert sind. Sie vermitteln das Erstaunen eines Europäers angesichts der mit hohem Aufwand geborgenen und über weite Strecken in chinesische und japanische Gärten

1 Adorno, Theodor W.: *Ästhetische Theorie*, Frankfurt am Main 1973, S. 223.

transportierten großformatigen Steine. Der Dresdner Hofgärtner, der Japan selbst besucht hatte, bemerkte erstaunt: „anstatt schöner Statuen" würden die Chinesen und Japaner ihre Gärten „mit Klippen zieren". Nichts könne die Bewohner dieser Länder mehr ergötzen „als wenn sie nur große und hohe Klippen in ihren Gärten haben, welche ... also movirlich gemacht sind, dass sie solche Klippen und artige Felsen bald hier wegnehmen und an einen andern Ort ... transportieren können". Auf diese Weise werde die ästhetische Wertschätzung in den fernöstlichen Gärten den Felsen und Klippen „anstatt de(n) von Marmor und Alabaster gearbeiteten Statuen" zuteil.[2] Der Autor sah also in der ästhetischen Funktion der Steine eine Analogie zu den steinernen Statuen in den Gärten des Okzidents. Doch aus europäischer Perspektive verwunderte ihn die enorme Bedeutung, die den natürlich geformten Steinen aus fernen Gegenden zugewiesen wurde. Um die Naturhaftigkeit zu betonen und bei seinen deutschsprachigen Lesern eine Vorstellung von den bizarren Gartensteinen zu evozieren, bezeichnet er sie pauschal als Felsen und Klippen. Demgegenüber benannte er die in Europa als spezifische Materialien skulpturaler Bearbeitung verbreiteten und hoch geschätzten Steinsorten genauer: Marmor und Alabaster. Allerdings waren dies um 1700 keine streng geologischen Bezeichnungen, galten doch alle polierfähigen Steine als Marmor.[3]

Was Meister beschreibt, charakterisiert zwar einen signifikanten Unterschied in den kulturellen Traditionen, doch finden sich in Kunstkammern europäischer Fürstenhöfe auch unbearbeitete Steine, besonders sogenannte Figurensteine, die aufgrund fossiler Einschlüsse oder natürlicher Färbungen die Kunstfähigkeit der Natur belegen sollten,[4] ebenso wie die oft legendenumwobenen Meteoriten. Auch wenn dies im Verhältnis zu chinesischen Steinsammlungen meist kleinformatige Ausnahmen blieben, so dienten sie nicht allein wissenschaftlicher Naturerkenntnis, sondern trainierten an den ‚zufälligen' Formen der Natur auch die Imaginationskraft als ästhetisches Potenzial.[5]

Steine transportierte man in Europa in der Regel allerdings nicht ihrer natürlichen Formen, sondern ihrer Eignung zur Weiterverarbeitung wegen. Marmor und Alabaster rangierten in Europa aufgrund ihrer tradierten Verwendungsgeschichte

2 Meister, Georg: *Der Orientalisch-Indianische Kunst- und Lust-Gärtner*, Dresden 1692, S. 182. Vgl. auch Butz, Herbert: Gartendarstellungen in der chinesischen Bildkunst im 17. und 18. Jahrhundert, in: Weiss, Thomas (Hg.), *Sir William Chambers und der Englisch-chinesische Garten in Europa*, Ostfildern-Ruit 1995, S. 36.

3 Wagner, Monika: Marmor, in: dies., Rübel, Dietmar; Hackenschmidt, Sebastian, *Lexikon des künstlerischen Materials. Werkstoffe in der modernen Kunst von Abfall bis Zinn*, München [2]2010, S. 174.

4 Holländer, Hans: Chiffren und Figuren. Über die vis plastica des Zufalls und der Imagination, in: Adamowsky, Natascha; Böhme, Hartmut; Felfe, Robert, *Ludi Naturae. Spiele der Natur in Kunst und Wissenschaft*, München 2011, S. 79–101.

5 Vgl. Rosenblum, Richard: *Art of the Natural World. Resonances of Wild Nature in Chinese Sculptural Art*, mit einer Einführung von Valerie C. Doran, Boston 2001, auch zum Vergleich mit europäischen Vorstellungen.

in der Hierarchie der Materialien weit oben, so dass ihnen diese Wertigkeit wie eine genuine Eigenschaft anhaftete. Bereits in der römischen Antike waren keine Mühen gescheut worden, zur Verschönerung der Metropole Marmor in großen Mengen auf Schiffen aus entlegenen Regionen des Reichs heranzuschaffen. Im Unterschied zu den rauen, durchbrochenen, unendlich vielgestaltigen chinesischen Schausteinen, die ihre zerklüfteten Formen idealiter von den Kräften der Natur erhielten, wurde Marmor geschätzt, wenn ein möglichst großer Block von homogener Dichte und Farbigkeit gewonnen werden konnte. Nicht seine natürliche Formung war von Interesse, sondern seine Eignung für die künstlerische Gestaltung.

Schon Plinius d. Ä. kritisierte im Band über *Die Steine* innerhalb seiner *Naturgeschichte* die private Marmorsucht der römischen Kaiserzeit: „Jetzt zerschlägt man diese Berge selbst zu tausenderlei Arten von Marmorblöcken … und wegen des Marmors baut man Schiffe; durch die Fluten, den wildesten Teil der Natur, schafft man Felsengipfel von hier nach dort."[6] Marmor war im römischen Verständnis durch seine Verwendung für Kultbauten wie die Tempel auf der Akropolis durch die griechische Antike geadelt. Wenn reiche Römer nun ihre Wohnhäuser mit dem Material ummanteln ließen, suchten sie damit am Prestige der vorbildhaften, den Göttern geweihten Werken, teilzuhaben. Natürlich spielten für die Wertschätzung des Marmors auch der Glanz und die Transluzenz des Materials eine Rolle. Doch seine Bedeutung gewann das Material in der europäischen Hierarchie der Steine in erster Linie durch die Geschichte seiner Verwendung. Materialikonographisch wurde Marmor zum Signum für Luxus.

Dass mit Steinen auch heute noch weit mehr als ein geologisch bestimmbares Material transportiert wird, kann ein bekanntes zeitgenössisches Exempel erhellen. Als der amerikanische Architekt Richard Meier 1991 den Auftrag für den Bau des Getty Centers auf einer Bergkuppe am Nordrand von Los Angeles erhielt, entschied er sich für die Bekleidung der weitläufigen Anlage mit römischem Travertin.[7] Dafür ließ er 16.000 Tonnen grob geschnittener Steinplatten aus einem seit gut zweitausend Jahren betriebenen Steinbruch in der Nähe von Rom an die amerikanische Westküste verschiffen. Mit dem römischen Travertin wurde nicht allein eine strahlende Oberfläche hergestellt, sondern auch etwas von dem Prestige der Metropole der alten Welt auf die kalifornische Agora transferiert. In Rom besteht nicht allein das Kolosseum als Inbegriff eines antiken Monumentalbaus aus Travertin, sondern auch Bernini entschied sich für ihn, um die ausgedehnten Kolonnaden des Petersplatzes als christliches Zentrum zu adeln. Die lange Verwendungstradition des Travertin hat das semantische Potenzial von gediegener Klassik und öffentlicher Relevanz geschaffen, das inzwischen dem Material selbst eigen zu sein scheint.

6 Plinius d. Ä.: *Naturkunde*. König, Roderich; Hopp, Joachim (Hg.), München 1992, XXXVI, S. 15.

7 Brawne, Michael: *The Getty Center. Los Angeles 1984–97*, London, New York 1998, S. 30, 33, 34.

Auch in China, dessen architektonische Tradition zwar überwiegend auf Holz basiert, sind auf Dauer ausgerichtete Bauwerke, Befestigungsanlagen, Brücken, Pagoden und Fundamente der Palastarchitektur aus Stein gemauert. Als Garanten des Dauerhaften tragen Steine und Felsen seit mehr als zwei Jahrtausenden Inschriften. Geologische Benennungen spielen außer bei Jade, die eine überragende Bedeutung für die Herstellung kostbarer kunsthandwerklicher Objekte besitzt, in der chinesischen Tradition jedoch kaum eine Rolle. Vielmehr ist für die „Petromanie“, die sich über Jahrhunderte in der sorgsamen Auswahl einzelner, natürlicher Steine äußerte, in erster Linie deren Form und Herkunft auschlaggebend. Ihrer Herkunft und ästhetischen Gestalt wegen wurden Steine gesammelt, inventarisiert und erhielten Namen; sie fanden in der Literatur und Malerei Beachtung, mitunter wurden einzelne Steine sogar von allen Seiten porträtiert.[8] Mi Fu, ein vielfach dargestellter Steinbewunderer (siehe Cover) des 11. Jahrhunderts, begegnete dem Stein als einem Individuum, als „Bruder Stein“, der eine Begrüßung verdiente. Im Unterschied dazu galten Steine in Europa lange Zeit gegenüber allen anderen Bereichen der Natur als das „Menschenfremdeste“.[9] In der Romantik wurde jedoch eine der in China gepflegten „Liebe zum Stein“ vergleichbare Haltung greifbar: In Novalis‘ 1798-99 entstandenem Romanfragment *Die Lehrlinge zu Sais* fragt ein Naturjünger: „Wird nicht der Fels ein eigenthümliches Du, eben wenn ich ihn anrede?“[10] Dass Steine nicht als das Andere erschienen, sondern sich in China eine Tradition herausbildete, in der sie als Verwandte figurierten, mag verständlicher erscheinen, wenn man bedenkt, dass das Mineralreich nicht als tote Natur ausgesondert, sondern als Teil einer umfassenden, lebendigen Natur verstanden wurde.

Die natürliche Erosion von Sedimentgesteinen, insbesondere von dem vergleichsweise weichen Kalkstein, worunter auch der zerklüftete und perforierte Taihu-Stein zu fassen ist, wurde durch den Druck des Wassers forciert. Geologisch betrachtet sind die so kraft einer dynamischen Natur unendlich vielgestaltigen Garten- und Gelehrtensteine Ausdruck entropischer Prozesse. In ihnen materialisiert sich das Verhältnis unterschiedlicher Kräfte der Natur.

Dem hat Bertold Brecht aus westlicher Perspektive in seinem Gedicht über die *Legende von der Entstehung des Buches Taoteking auf dem Weg des Laotse in die Emigration*, selbiges zitierend, Ausdruck verliehen:

> Dass das weiche Wasser in Bewegung
> Mit der Zeit den mächtigen Stein besiegt.
> Du verstehst, das Harte unterliegt.

8 Hu, Philip K.: Porträt eines Steins – Worte und Bilder auf einer Querrolle von Wu Bin und Mi Wanzong, in: Lutz, Albert, von Przychowski, Alexandra (Hg.), Ausst.-Kat. *Wege ins Paradies oder die Liebe zum Stein in China*, Museum Rietberg, Zürich 1998, S. 64–95.

9 Böhme, Hartmut: Das Steinerne. Anmerkungen zur Theorie des Erhabenen aus dem Blick des „Menschenfremdesten“, in: Pries, Christine (Hg.), *Das Erhabene. Zwischen Grenzerfahrung und Größenwahn*, Weinheim 1989, S. 119 –142.

10 Ebd., S. 136.

In der globalisierten Welt überlagern sich die unterschiedlichen kulturellen Traditionen. China ist inzwischen der weltweit größte Exporteur geologisch unterschiedlicher Steinarten. Aber auch in China hat sich mit der Bauweise der Steinbedarf verändert. Nach westlichem Vorbild erobern Steinoberflächen die Geschäftsviertel und den öffentlichen Raum. Umgekehrt finden sich einzelne Steinsetzungen in Gestalt scheinbar demonstrativ roher Natur in westeuropäischen und US-amerikanischen Städten. Als für Étienne-Maurice Falconets ehernes Reiterstandbild Peters des Großen, das Katharina II. in Auftrag gegeben hatte, ein gigantischer Granitfindling als Sockel aus der sumpfigen Umgebung von Sankt Petersburg geborgen und unter enormem Aufwand in die Stadt gebracht wurde, fand dort 1770 zwar eine Begrüßungszeremonie statt und man bewunderte die ingenieurstechnische Transportleistung; doch in der urbanen Umgebung wurde der Rohling, der das ‚eigentliche' Kunstwerk trägt, keineswegs von allen positiv beurteilt.[11] Heute sind es die rohen Steinbrocken selbst, die im Modus eines Kunstwerks auftreten. Sie verweisen auf ihre Herkunft – aus der unbearbeiteten Natur, von einem bestimmten Ort oder aus einem anderen Land.

Die hier versammelten Beiträge basieren vornehmlich auf einem Workshop vom Dezember 2014, der gemeinsam von der Abteilung für Sprache und Kultur Chinas und dem Kunstgeschichtlichen Seminar der Universität Hamburg veranstaltet wurde. Die Beiträge widmen sich den Interessen am Transfer von Steinen in China, Japan, den USA, dem Heiligen Land und in Europa – ergänzt durch Beiträge zu ihren bildlichen Darstellungen. Dabei stehen nicht die technischen Bedingungen des Transports im Zentrum, sondern der Bedeutungszuwachs durch den Transfer der Steine an einen anderen Ort und in einen anderen Zusammenhang. Erst jenseits ihres natürlichen Vorkommens werden Eigenschaften relevant, die dem kulturellen Gebrauch der Steine eine Rolle zuweisen und deren Wertigkeit bestimmen.

Monika Wagner, Michael Friedrich

11 Raff, Thomas: Materialikonologie-Materialideologie: Granit, in: *Anzeiger des Germanischen Nationalmuseums und Berichte aus dem Forschungsinstitut für Realienkunde* 1995, S. 160–168.

Sarah Koch

# AUS DEN TIEFEN DES TAIHU IN DIE GÄRTEN DER MÄCHTIGEN

## Der Taihu-Stein zur Zeit der Tang und Song (7.–13. Jahrhundert)[1]

Der Taihu-Stein zählte in China zu den wichtigsten Materialien für künstliche Berglandschaften beim traditionellen Gartenbau und diente gleichzeitig als Objekt des nachsinnenden Betrachtens, das eine Verbindung zur Natur oder dem gesamten Kosmos herstellte. Die Vielfalt seiner Formen, Farben und Strukturen löste Faszination aus und machte ihn zu einem wichtigen Element in Chinas Kultur der Schausteine[2]. Aufgrund seiner komplexen Gestalt wurden dem Taihu-Stein unterschiedliche Funktionen und Bedeutungen zugeschrieben: Namen wie „Jadene Finesse", „Runzliger Wolkengipfel" oder „Ausschreitender Drache" lassen bereits erahnen, welch fantasievolle Assoziationen der Taihu-Stein beim Betrachter hervorrief. Doch sein bis heute währendes Ansehen verdankt er nicht allein seinen besonderen Materialeigenschaften, auch die Schwierigkeiten der Bergung und der zunehmende Mangel steigerten seinen Wert.

## Geologische Einordnung und Vorkommen

Taihu-Steine sind Kalksteine, die ursprünglich aus dem Taihu („Großer See") geborgen wurden, der im Süden der heutigen Provinz Jiangsu in der Nähe der Stadt Suzhou liegt (Abb. 1). Die Steine waren über lange Zeit hinweg der enormen Kraft der Wellen und Strömungen des Sees ausgesetzt und erodierten, wodurch ihre durchlöcherten und zerklüfteten Formationen entstanden.[3] Da der natürliche Vorrat der Steine aus dem Taihu jedoch begrenzt war, wurde schon früh damit begonnen, den Kalkstein von den Felswänden der Berge aus der Umgebung des Sees abzu-

1 Der Aufsatz beruht auf meiner unveröffentlichten Hamburger Magistraarbeit *Ikonographie des Taihu-Steins unter Berücksichtigung von literarischen Texten der Tang und Song (7.–13. Jahrhundert)*, die von Michael Friedrich und Monika Wagner betreut wurde, denen auch der vorliegende Text manche Anregung verdankt.
2 Schausteine sind besondere und sammelwürdige Steine, die als Garten- oder Gelehrtenstein Verwendung fanden und finden.
3 Diao Huiqin: *Zhongguo Taihu shi*, Shanghai 2008, S. 2.

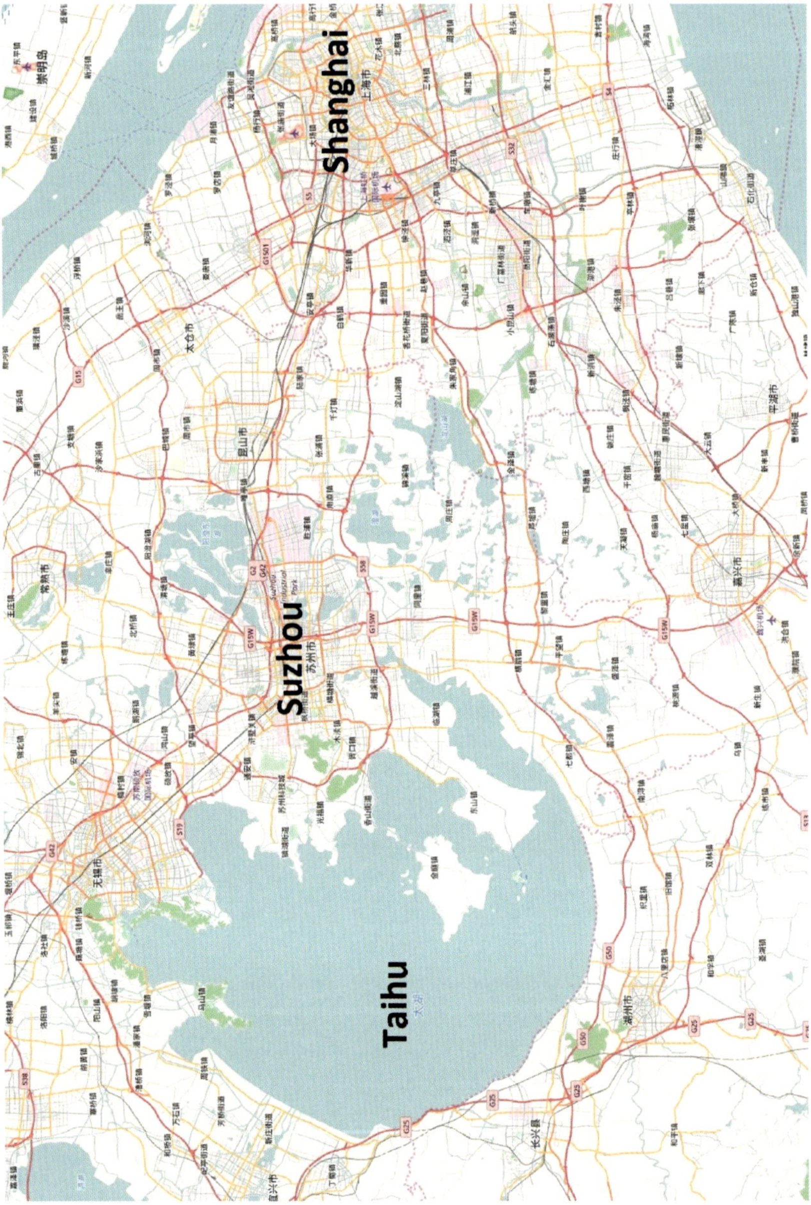


1 | Die Lage des Taihu in der Provinz Jiangsu.

bauen und zur natürlichen Nachbearbeitung für längere Zeit in strömendes Wasser zu legen, damit die Steine ebenfalls die typischen Formationen erhielten.[4] Heute bezeichnet der Name nicht mehr die Herkunft der Steine, sondern deren charakteristische Merkmale und Verwendungsweisen. So werden unter dem Namen Taihu-Stein Kalksteine verschiedener Farben aus unterschiedlichen Regionen Chinas angeboten, die als Garten- oder Gelehrtenstein Verwendung finden und den ästhetischen Kriterien der „echten“ Taihu-Steine entsprechen.

## Die ästhetischen Merkmale des Taihu-Steins

In China entwickelten Steinliebhaber und -sammler über die Jahrhunderte hinweg unterschiedliche ästhetische Vorlieben bei der Beurteilung von Steinen. Die ersten spezifischen Kriterien jedoch basierten auf den idealen Eigenschaften von Taihu-Steinen, die zu den am frühesten geschätzten Schausteinen gehörten. Diese ästhetischen Merkmale sind in den vier Reimwörtern *shou* 瘦, *zhou* 皺, *tou* 透 und *lou* 漏 zusammengefasst.[5]

*Shou* bedeutet „dünn“ und bezeichnet die schlanke und hoch aufragende Gestalt eines Steins. Ein Stein mit diesem Merkmal besitzt eine grazile Form, die gerne mit der wohlgeformten Figur eines Menschen oder einer vornehmen Dame, die eine facettenreiche Anmut besitzt, verglichen wird.[6]

*Zhou* heißt „runzlig“ und besagt, dass die Oberfläche des Steins von vielen Furchen, herausstehenden Wülsten und übereinander lappenden Falten übersät ist und somit eine schrumpelige, raue Textur besitzt.[7]

Als repräsentativ für die beiden Merkmale, *shou* und *zhou*, wird gern der *Zhou yun feng* 皺雲峰 („Runzliger Wolkengipfel“) genannt, der in Hangzhou am Westsee steht. Er ist 2,6 Meter hoch und an der schmalsten Stelle 0,4 Meter breit. Seine Oberfläche ist von Runzeln bedeckt, die sich wellenförmig um den Stein winden und ihm eine zerklüftete Kontur verleihen.[8] Wie der Name andeutet, wirkt der Stein wie eine Wolke, die in den Himmel aufsteigt (Abb. 2).

Das Wort *tou* kann mit „transparent“ oder „durchbrochen“ übersetzt werden. Zum einen wird damit eine kunstvolle und feine Gestalt mit schwungvoller Maserung bezeichnet.[9] Zum anderen sind damit Verbindungen gemeint, die den Stein von allen Seiten wie Wege oder Tunnel durchziehen. *Tou* verleiht dem Stein eine interessante Oberfläche und lässt ihn leicht und luftig, hell und anmutig erscheinen.[10]

4 Ausst.-Kat. *Chinesische Gelehrtensteine aus der Sammlung von Richard Rosenblum*, Mowry, Robert D. (Hg.), Museum Rietberg, Zürich 1998, S. 16.
5 Ebd., S. 18ff.
6 Que Xiuru: Qianzibaitai Taihu shi, in: *Senlin yu renlei*, Bd. 5 (1999), S. 39.
7 Mowry 1998 (wie Anm. 4), S. 20; Que 1999 (wie Anm. 6), S. 39.
8 Que 1999 (wie Anm. 6), S. 39.
9 Ebd. S. 39.
10 Mowry 1998 (wie Anm. 4), S. 20.

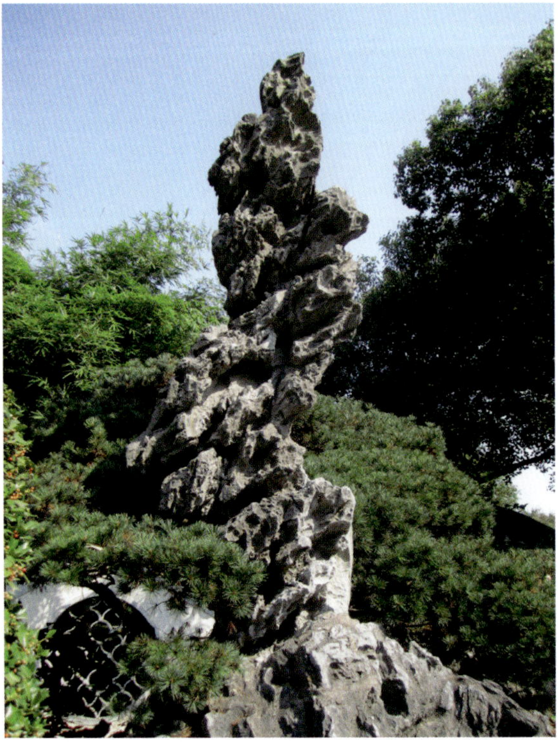

2 | Der *Zhou yun feng* in Hangzhou.

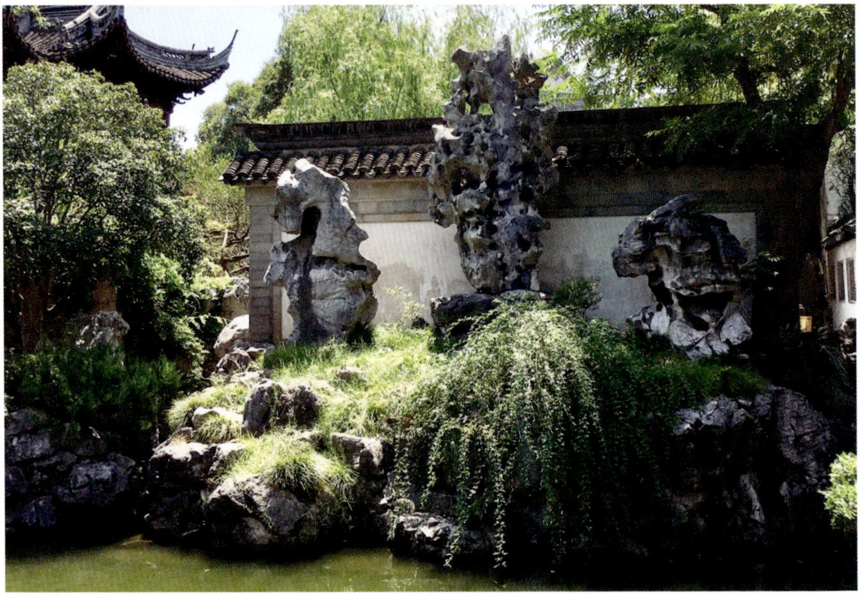

3 | Der *Yu linglong* im Yu-Garten, Shanghai.

Der Taihu-Stein als Gartenstein verkörpert diese Eigenschaft am besten. Der in Suzhou stehende *Rui yun feng* 瑞雲峰 („Glückverheißender Wolkengipfel") ist ein gutes Beispiel dafür. Er ist an die fünf Meter hoch, drei Meter breit und einen Meter tief.[11] Die Durchbrüche erlauben dem Licht ebenso wie dem Blick, den Stein zu durchdringen. Trotz seiner Größe wirkt er anmutig und leicht.

Das Merkmal *lou* unterscheidet sich vor allem in einem Punkt von *tou*. *Lou* bedeutet „löchrig" und besagt, dass der Stein von allen Seiten Einbuchtungen aufweist, die wie Augen erscheinen und ihm eine unebene Oberfläche verleihen.[12] Im Vergleich zu *tou* muss die Zerklüftung den Stein jedoch nicht durchbrechen und lichtdurchlässig sein, sondern besteht vielmehr aus kleinen Einbuchtungen und tiefen Höhlen.

Der *Yu linglong* 玉玲瓏 („Jadene Finesse") im Shanghaier Yu-Garten wird mit seiner Vielzahl an Höhlungen und Ausstülpungen als ein Repräsentant des Merkmals *lou* angesehen. Über die gesamte Oberfläche des Steins sind mehr als 70 Löcher verteilt, die ihn wie einen übernatürlich großen Naturschwamm oder eine versteinerte Wolke erscheinen lassen (Abb. 3).[13]

## Die Entstehung der Kultur der Schausteine

Es stellt sich nun die Frage, warum in China keine Mühen und Kosten gescheut wurden, diese bizarr geformten Steine quer durch das Land zu transportieren, um sie dann in Gärten oder Gelehrtenzimmern zu platzieren. Um dies zu verstehen, soll zunächst betrachtet werden, welche Bedeutung der Stein in China hatte und wie sich daraus die Kultur der Schausteine entwickelte.

Aus dem alten China ist eine außergewöhnliche Wertschätzung von Bergen und Steinen überliefert. Nicht nur ihrer Schönheit wegen wurden sie bewundert, ausschlaggebend waren vielmehr alte kosmologische und religiöse Vorstellungen. So wurden schon vor mehr als 2000 Jahren sonderbar geformte Steine als miniaturisierte Repräsentationen heiliger Berge in kosmologisch geplanten Palastgärten aufgestellt.[14] Gemäß traditioneller Auffassung wurden Steine als „Kerne" der reinen Lebenskraft *qi* betrachtet, welche die höchsten Prinzipien der Natur verkörpert, und der Fels als „Knochen der Erde", der, zu Bergen angehäuft, das Gerüst der Welt bildet.[15]

11 Diao 2008 (wie Anm. 3), S. 70.
12 Que 1999 (wie Anm. 6), S. 39.
13 Ebd. S. 39.
14 Ausst.-Kat. *Wege ins Paradies oder die Liebe zum Stein in China: Felsen und Steine in der chinesischen Malerei*, Lutz, Albert; Przychowski, Alexandra v. (Hg.), Museum Rietberg, Zürich 1998, S. 9f., S. 15.
15 Ebd., S. 13, 29.; Little, Stephen: *Spirit stones of China*, Chicago 1999, S. 16.

Die Beziehung zwischen Steinen und Bergen wiederum stellte eine Mikrokosmos-Makrokosmos-Relation dar. Ein einzelner Stein konnte alle Bedeutungen, die Bergen zugeschrieben wurden, verkörpern. Dabei spielte die Größe der Steine keine Rolle, wichtig war nur ihre Natürlichkeit und Ausdruckskraft. Der Literat Li Hua (?–ca. 766 n. Chr.) beschreibt dieses Potenzial der Steine in seinen Aufzeichnungen über den kleinen Berg-Teich im Kräutergarten eines Beamten: „Im Kleinen das Große zu schauen, so werden die Prinzipien der ganzen Welt erschöpfend dargestellt".[16]

Am höchsten wurden stets Steine mit besonders eigentümlichen Formen geschätzt, da sie die Vielfältigkeit und Wildheit der Natur am besten repräsentierten. Beliebte Elemente bei der Gartengestaltung waren die Vergegenwärtigungen heiliger Berge oder sagenhafter Orte, wie die Drei Berginseln der Unsterblichen. Der Sage nach wuchs auf den magischen Berginseln das Elixier der Unsterblichkeit, nach dem bereits der erste chinesische Kaiser Qin Shi Huang Expeditionen entsandte. Diese blieben jedoch ohne Erfolg, und so ließ der Kaiser in dem Glauben, dass eine künstliche Nachbildung die Realpräsenz des Originals bewirke, einen Paradiesgarten mit den Drei Berginseln der Unsterblichen anlegen.[17]

Mit dem frühen Daoismus entwickelte sich eine philosophische Strömung, in der Berge zu Fluchtorten wurden, um zur Ursprünglichkeit der Natur zurückzufinden und den weltlichen Dingen zu entkommen. Entlegene und unzugängliche Bergregionen dienten dabei als ideale Orte, in die sich die sogenannten Einsiedler zurückziehen konnten. Später haben sich aus dieser „Einsiedlerkultur" die privaten Gärten herausgebildet, in denen eine „natürliche" Umgebung geschaffen wurde. Indem die Berglandschaften auf das eigene Grundstück gebracht wurden, mussten keine mühsamen und langen Reisen mehr unternommen werden.[18]

Die ältesten Begriffe, die bis heute für Gartensteine verwendet werden, sind *guai shi* 怪石 und *qi shi* 奇石, und bedeuten „seltsame" oder „eigenartige Steine".[19] Später haben sich Begriffe herausgebildet, die sich aus der Verwendung des Steins ergaben. So werden Gartensteine auch *yuanlin shi* 園林石 oder *jingguan shi* 景觀石 genannt, was mit Park- und Landschaftssteine übersetzt werden kann. Für Gelehrtensteine werden später die Bezeichnungen *gong shi* 供石 oder *ya shi* 雅石 gebraucht. Das Verb *gong* bedeutet „darbringen, aufstellen" und wird auch für andere Elemente der Ausstattung von Räumen gebraucht. *Ya* ist ein Adjektiv und wird mit „kultiviert" oder „elegant" übersetzt. Ein moderner Begriff, der für beide Kategorien von Schausteinen verwendet wird, ist *guanshang shi* 觀賞石 und bedeutet wörtlich „Steine zum Betrachten und Bewundern". In zeitgenössischen westlichen Quellen

16 Liu, Dongdong: *Villen und Gärten in der Tang-Literatur*, Phil. Diss. Hamburg 2011, S. 74.
17 Lutz 1998 (wie Anm. 14), S. 17.
18 Cheng Liyao: *Ancient Chinese architecture: Privat Gardens*, Wien 1999, S. 114ff; Lutz 1998 (wie Anm. 14), S. 18.
19 Little 1999 (wie Anm. 15), S. 17.

werden für Gelehrtensteine häufig auch Bezeichnungen wie „viewing stones“ oder „spirit stones“ genannt.[20] Einen kleineren Bereich der Schausteinkultur bilden die *penjing shi* 盆景石, kleine Steine für Miniaturlandschaften in Schalen.[21]

## Der Taihu-Stein als Garten- und Gelehrtenstein

Einer alten Redensart zufolge müssen in einem Garten keine Berge stehen, doch ohne Steine geht es nicht.[22] Noch heute dienen sie dem Garten als Gerüst und sind gleichzeitig ein Blickfang. Beim Steinmaterial sind natürliche Merkmale wie Gestalt, Textur oder Färbung von großer Bedeutung. Um eine möglichst naturgetreue Landschaft zu arrangieren, wird immer nur eine Steinart verwendet, niemals eine Mischung. Da die Farbe der Steine und ihre Oberflächen sich je nach Ursprungsort und Witterungsverhältnissen unterscheiden, besteht die Kunst darin, ähnliche Steine so miteinander zu kombinieren, als wären sie denselben natürlichen Umständen ausgesetzt gewesen.[23] Taihu-Steine gelten aufgrund ihrer Größe und Formationen als eines der bestgeeigneten Baumaterialien für den Garten. Häufig werden sie wie Skulpturen als einzelnes Objekt platziert und so angeordnet, dass sie auf scheinbar natürliche Weise ihre Umgebung ergänzen. Sie finden aber auch in anderen Bereichen des Gartens Verwendung. Befindet sich im Garten ein See, so werden Taihu-Steine als Umrandung, Trittsteine oder Brücken eingesetzt. Die zu künstlichen Felsen aufgeschichteten Taihu-Steine können auch als Steinwände fungieren, mit denen einzelne Bereiche des Gartens voneinander abgetrennt werden (Abb. 4).[24]

Da der Bau von artifiziellen Berglandschaften Kunstfertigkeit und viel Platz erforderte, daher also teuer war, waren sie in der Zeit der Song (960–1279) meist nur in großen kaiserlichen Gärten zu finden. In privaten Gärten wurden anstelle ganzer Berglandschaften oft nur einzelne Steine aufgestellt.[25]

Während der Tang-Dynastie (618–906) gab es bereits Tausende von Gärten unterschiedlicher Größe. Wertschätzung und Beurteilung einzelner Steine kamen damals unter den Mächtigen und Gebildeten in Mode und konnten zu einer wahren Leidenschaft werden. Viele bekannte Gartenanlagen, die Steine einbezogen, wie die der berühmten Steinliebhaber Li Deyu (787–850), eines Gelehrten und

20 Mowry 1998 (wie Anm. 4), S. 9.

21 Aus den *penjing*, die Anfang des 12. Jahrhunderts nach Japan kamen, entwickelte sich die Bonsai-Kunst, in der Steine jedoch keine große Rolle spielen, sondern meist als eine Art Stütze für die Wurzeln dienen. *Kodansha Encyclopedia of Japan*. Aus: Japan Knowledge Lib (http://erf.sbb.spk-berlin.de/han/japanknowledge/japanknowledge.com/lib/en/display/?lid=10800LS001207, zuletzt aufgerufen am 12.01.2016).

22 Zong Weicheng: *Zhongguo yuanlin jianzhu tuji*, Peking 1995, S. 137: 園可無山，不可無石.

23 Cheng 1999 (wie Anm. 18), S. 137.

24 Diao 2008 (wie Anm. 3), S. 57ff.

25 Cheng 1999 (wie Anm. 18), S. 137.

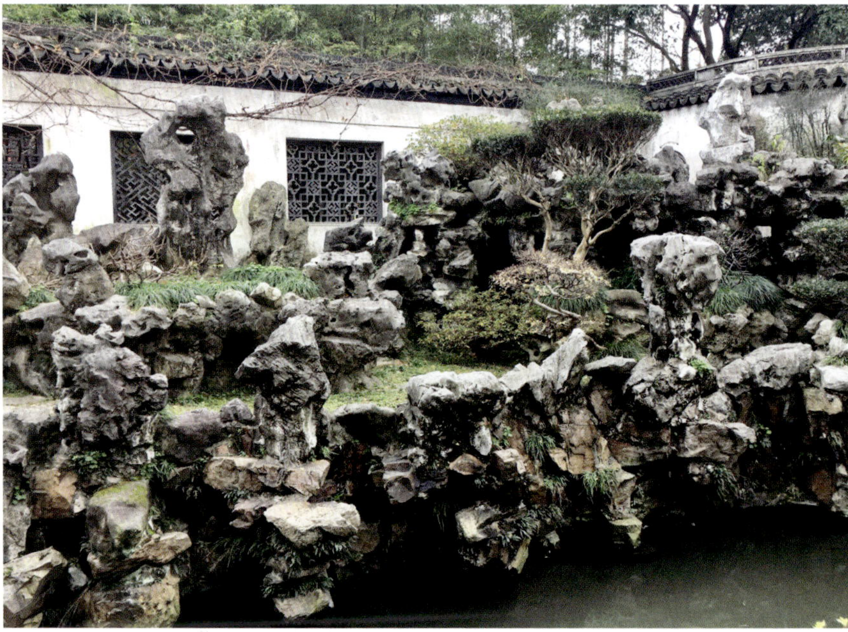

4 | Künstlich angelegte Steinlandschaft aus Taihu-Steinen, Yu-Garten, Shanghai.

Beamten, und des Kanzlers Niu Sengru (779–849), entstanden zu jener Zeit nahe der damaligen Nebenhauptstadt Luoyang. Dafür ließen die Auftraggeber Steine mit interessanten Formen aus verschiedenen Gegenden zusammentragen.[26] Auch der berühmte Dichter und Stein-Connaisseur Bai Juyi (772–846 n. Chr.) besaß einen privaten Garten in Luoyang, in dem sich neben prächtigen Pavillons und Seen fünf Taihu-Steine befanden, die er aus Suzhou mitgebracht hatte, wo er zuvor als Präfekt tätig war.[27]

Während der Song-Dynastie entwickelte sich die Gartenkunst in großem Umfang weiter und hatte auch ihre Auswirkungen auf die kaiserlichen Gärten. Eine der berühmtesten Parkanlagen jener Zeit war der *Genyue* 艮嶽, der 1105 im nordöstlichen Quadranten (*gen*) der damaligen Hauptstadt Kaifeng unter Kaiser Huizong der Nördlichen Song (reg. 1100–1126) erbaut wurde. Huizong war ein Anhänger des religiösen Daoismus und machte ihn zum ersten und einzigen Mal in der chinesischen Geschichte zur Staatsreligion. In sein politisch-religiöses Programm gehörte auch die Förderung der Künste; er war selbst Dichter, Landschaftsmaler, Kalligraph und Connaisseur und investierte ein Vermögen in Tempel und

26 Lutz 1998 (wie Anm. 14), S. 121.
27 Cheng 1999 (wie Anm. 18), S. 118; Wilson, Ian: Spirit Stones. 7. März 2008. Aus: Spirit-stones.com: (http://www.spirit-stones.com/2008/03/07/spirit-stones-by-ian-wilson/, zuletzt aufgerufen am 30.08.2015). Siehe hierzu auch den Beitrag von Michael Friedrich im vorliegenden Band.

religiöse Feste, Gärten und Parks, unter denen der *Genyue* alle anderen bei weitem übertraf.[28]

Es ist nicht verwunderlich, dass Dieter Kuhn den Bau des *Genyue* als ein Beispiel für die kostspielige „folie de grandeur" des Kaisers bezeichnet. Der Park hatte einen Umfang von 5,6 Kilometern und eine Fläche von fast 1,9 Mio. $m^2$. Er besaß herrliche Wasserfälle, Bäche und Seen sowie idyllische Pavillons, hoch auf Gipfeln platziert oder in Bambushainen versteckt. Exotische Pflanzen, Vögel und wilde Tiere wurden aus verschiedenen Regionen der Welt für den Park herbeigebracht. Dominiert wurde der Park vom *Shoushan* 壽山 („Berg der Langlebigkeit"),[29] von dem es heißt, er sei die größte künstliche Anhäufung aus Taihu-Steinen in der Geschichte Chinas gewesen.[30] In Suzhou wurde ein „Büro zum Empfang von Tributgeschenken" errichtet, das damit beauftragt war, die schönsten Taihu-Steine zu sammeln und nach Kaifeng zu schicken.[31] Über die Formen dieser Steine heißt es: „Sie hatten alle möglichen seltsamen Formen, sie glichen langen Hauern, Hörnern, Mündern, Nasen, Köpfen, Schwänzen und Klauen. Sie schienen zornig zu sein und einer gegen den anderen aufzubegehren."[32] Diese gigantische Berglandschaft war ein durch den Daoismus inspiriertes Paradies auf Erden, eine Zurschaustellung von Wohlstand und höchster Tugend, eine ideale Welt, die die Unsterblichen zum Verweilen einzuladen schien.[33] Zugleich besaß der Park aber auch eine apotropäische Funktion: Er sollte der wachsenden Bedrohung durch die Dschurdschen im Nordosten begegnen – ohne Erfolg. Sie eroberten 1126 Kaifeng und nahmen Huizong gefangen.

Taihu-Steine fanden aber nicht nur im Garten Verwendung. Zur Zeit der Song wurden kleinere, bizarr geformte Steine zu begehrten Sammelobjekten für die *studioli* der Gelehrten. Die kleineren, oft nur wenige Zentimeter großen Steine wurden auf Pulten, Anrichten oder Regalen aufgestellt, die etwas größeren direkt auf dem Boden platziert. Genau wie bei den Gartensteinen konnten Gelehrtensteine einen Mikrokosmos verkörpern und dienten als Gegenstand der Kontemplation.[34] So fanden auch kleine Taihu-Steine, die eine feine und graziöse Gestalt aufwiesen, als Gelehrtensteine Verwendung. Da Taihu-Steine allerdings in der Regel groß und schwer sind, waren sie als Gelehrtenstein nicht so gut geeignet und besaßen mit ihrer rauen Textur zu wenig Feinheit für die Studios. Aus diesem Grund wurden

28 Lutz 1998 (wie Anm. 14), S. 122.

29 Kuhn, Dieter: Emperor Huizong's (r. 1100–1126) Short-lived Earthly Paradise, in: *Workshop Infinite Worlds: Cultural Biographies of Classical Chinese Gardens*, Portland 2010.

30 Chen Hao: Man hua Taihu shi, in: *Penjing shang shi*, Bd. 4 (2001), S. 55–56.

31 Huang Xizhi: Taihu shi lishi wenhua tan xi, in: *Suzhou daxue xuebao (zhexue shehui kexue ban)*, Bd. 4 (2007), S. 105.

32 Keswick, Maggie: *Der chinesische Garten: Geschichte, Kunst und Architektur*, Stuttgart 2004, S. 65.

33 Kuhn 2010 (wie Anm. 29).

34 Mowry 1998 (wie Anm. 4), S. 10.

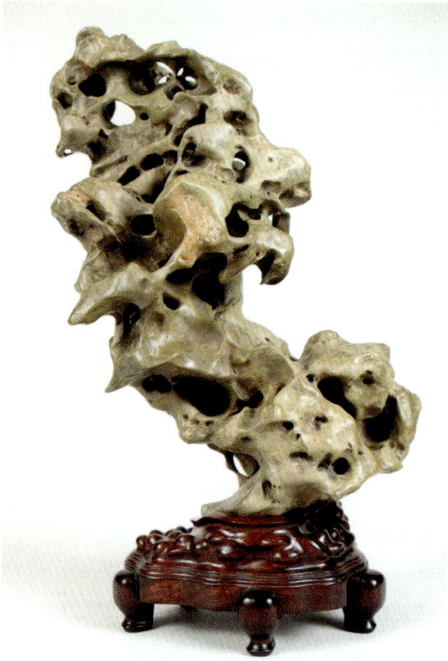

5 | Taihu-Stein als Gelehrtenstein, Sammlung Kemin Hu.

sie meist bearbeitet und poliert, wenn sie als Gelehrtensteine genutzt werden sollten (Abb. 5).[35] Die chinesischen Gelehrten wahrten stets eine klare Unterscheidung zwischen den passenden Materialien für Haus und Garten.[36]

## Die Bedeutung des Taihu-Steins

Die Vielfältigkeit und Natürlichkeit des Taihu-Steins inspirierten die Gelehrten und regten ihre Fantasie an. In literarischen Texten, vor allem in Gedichten, wurden Taihu-Steine mit einem reichen und fantasievollen Vokabular beschrieben, das ihnen verschiedene Bedeutungen zuwies.

In Bezug auf ihre optische Erscheinung wurden häufig die beiden zuvor genannten Bezeichnungen *guai* und *qi* verwendet. Die Eigenschaften „seltsam" und „eigenartig" charakterisierten die Taihu-Steine als etwas Besonderes. Der Dichter Bai Juyi ging sogar soweit, dass er zur Beschreibung den Begriff *chou* 醜 („hässlich") verwendete. In Bezug auf die Taihu-Steine gewann jedoch *chou* eine ähnliche Bedeutung wie *guai* und *qi* und erhielt eine positive Konnotation, die die Andersartigkeit hervorhob.

35 Mowry 1998 (wie Anm. 4), S. 16.
36 Du Wan; Chen Yunyi (Hg.): *Yun lin shi pu*, Chongqing 2009, S. 13.

Zur Darstellung der typischen löchrigen Struktur und aufragenden Gestalt der Taihu-Steine wurden – wie bei einem Bergmassiv – häufig Vokabeln wie „Höhle", „Gipfel", „Fels" und „Schlucht" verwendet, so dass die Mikrokosmos-Makrokosmos-Relation zum Ausdruck kommt. Bai Juyi fasste die Fähigkeit der Taihu-Steine, die gesamte Welt als Miniatur abzubilden, folgendermaßen zusammen:

> Die Drei Berginseln und die Fünf Heiligen Berge, die Hundert Höhlen und die Tausend Schluchten – ineinander verwoben und verflochten sind sie alle in ihnen enthalten. Im Sitzen findet man – hundert Klafter in einer Hand, tausend Meilen in einem Augenblick.[37]

Die Drei Berginseln wurden als Paradies angesehen, in dem die Unsterblichkeit erlangt wird, und die Fünf heiligen Berge verkörperten die Macht der Erde.[38] Wird berücksichtigt, dass in China nach traditionellem Glauben eine Nachbildung die Realpräsenz des Originals bewirkte, ließ dieser Vergleich den Taihu-Steinen eine hohe Wertschätzung zukommen.

Es bestand lange Zeit die Auffassung, dass Taihu-Steine nicht von Menschenhand bearbeitet wurden. Vor allem zur Zeit der Tang erweckte das Philosophieren über die Herkunft der Taihu-Steine den Eindruck, dass sie von übernatürlichen Kräften geschaffen worden sein müssten. Es gab keine Erklärungen für die sonderbaren Formationen, vielmehr schienen sie aus dem Verborgenen zu kommen und zufällig aus einer ungeformten Masse entstanden zu sein. Die ungeklärte Entstehung ließ Taihu-Steine zu geheimnisvollen Objekten werden, wie etwa Bai Juyis Gedicht *Steinpaar* zeigt: „Plötzlich frage ich mich, ob sie vom Himmel gefallen sind, in unserer Welt scheint es sie nicht zu geben".[39] Auch Pi Rixiu (877–943) bringt in einem Gedicht diese Ansicht zum Ausdruck: „Sie sind eine Laune des Himmels und sicherlich nicht von Menschen gemacht".[40]

Taihu-Steine dienten nicht nur als Objekte der Bewunderung, sondern die Gelehrten empfanden auch eine Verbundenheit mit den Steinen, die ihnen seelischen Beistand leisten konnten. In den „Aufzeichnungen über Taihu-Steine" beschreibt Bai Juyi diese intime Beziehung des Kanzlers Niu Sengru zu seinen Steinen: „Er behandelt sie wie Gäste und Freunde, er fühlt sich ihnen nahe wie einem tugendhaften Weisen, er schätzt sie wie wertvolle Jade, er liebt sie wie seine Söhne und Enkel."[41] Die edle und Respekt heischende Erscheinung der Taihu-Steine wird auch in einer Anekdote über den berühmten Kalligraphen Mi Fu (1051–1107) deutlich. Es heißt, dass Mi Fu, als er 1105 zum Magistrat von Wuwei in der Provinz Anhui ernannt wurde, einen Taihu-Stein im Hof sah. Er war von seiner sonderbaren und schlichten Form beeindruckt, die auf ihn wie die Erscheinung

37 Bai Juyi: *Taihu shi ji*, in: Chen Menglei; Jiang Yanxi (Hg.), *Gujin tushu jicheng* Bd. 7, Peking 1985, S. 6387f.
38 Lutz 1998 (wie Anm. 14), S. 16.
39 Bai Juyi: *Shuang shi* (*Quan Tangshi* Bd. 7), Shanghai 1960, S. 4972.
40 Pi Rixiu: *Taihu shi yuan tou shan* (*Quan Tangshi* Bd. 9), Shanghai 1960, S. 7041.
41 Bai 1985 (wie Anm. 37).

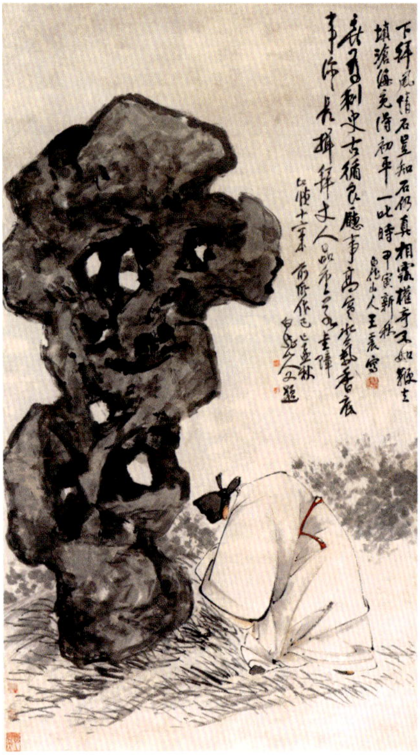

6 | Wang Zhen: *Mi Fu verneigt sich vor einem Stein*, Tusche und Farben auf Papier, 1914, Indianapolis, Museum of Art.

eines Edlen wirkte, verlangte sogleich nach seiner Amtsrobe, nahm seine Kappe ab und verneigte sich vor dem Stein. Dieses Ereignis wurde zu einem Topos und beliebten Motiv in der Malerei (Abb. 6, vgl. auch das Cover).

Die eingeschränkte Verfügbarkeit der Taihu-Steine machte sie zu einem Wertgegenstand, dessen Besitz zum Privileg eines kleinen Kreises wurde. In Bai Juyis „Aufzeichnungen über Taihu-Steine" wird beschrieben, wie Niu Sengru zu seiner großen Stein-Sammlung kam:

> Früher waren viele der dem edlen Herrn unterstellten Beamten mit der Verwaltung des Gebiets von Flüssen und Seen betraut und wussten, dass das Herz des edlen Herrn einzig für Steine schlägt. So suchten sie in der Tiefe und Ferne und brachten ihm die kostbarsten und absonderlichsten Exemplare dar. Innerhalb von vier bis fünf Jahren kamen sie in großer Zahl an. Es sind die einzigen Dinge, bei denen der edle Herr keineswegs bescheiden und nachgiebig ist. In seinem Haus im Osten und seiner Villa im Süden stellt er sie in Reihen auf – welch Reichtum an Steinen![42]

Während zur Tang-Zeit Taihu-Steine als mystische und übernatürliche Objekte galten, wurden sie zur Zeit der Song zunehmend als materielles Objekt behandelt.

42 Bai 1985 (wie Anm. 37), S. 6387f.

In den Beschreibungen wurde nun viel genauer auf ihre Herkunft und Entstehung eingegangen. Darüber hinaus kamen auch die Aspekte der Bergung, der Nachbearbeitung und des Gebrauchs zur Sprache. Vor allem die Konfrontation mit den Schwierigkeiten bei der Bergung und dem Transport sowie die damit einhergehenden Auswirkungen auf die Umwelt und Bevölkerung machten Taihu-Steine zu realen Objekten.

Ein häufig genanntes Beispiel für die Anstrengungen bei der Bergung und dem Transport von Taihu-Steinen ist der Bau des zuvor genannten *Genyue*-Parks von Kaiser Huizong aus der Song-Zeit. Im Rahmen des Bauprojektes entstand ein eigenes Transportsystem, bei dem mehrere Boote zu einem Konvoi aneinander gebunden wurden, um die Steine kontinuierlich über Jahre hinweg Richtung Hauptstadt zu transportierten. In einem Prosatext von Fan Chengda (1126–1193) heißt es:

> Im fünften Jahr der Regierungsdevise Xuanhe (1123) baute Zhu Mian, ein Mann aus der Präfektur, ein riesiges Schiff, auf dem er einen Taihu-Stein in die Hauptstadt beförderte und deswegen mit tausend Mann einrückte. [...] Nur die kleinen Steine, die er dem Kaiser nicht darbrachte, ließ er in der Präfektur zurück.[43]

Zhu Mian wird auch in der „Geschichte der Song" erwähnt, die deutlich macht, welchen Einfluss die Steintransporte auf die Umwelt hatten:

> Im fünften Jahr der Regierungsdevise Xuanhe (1123) ließ Zhu Mian aus dem Taihu Steine holen, die in Höhe und Breite mehrere Klafter groß waren. Er ließ sie auf große Boote laden und von Tausenden von Arbeitern treideln; Flüsse wurden gebohrt und Brücken abgerissen, Deiche wurden zerstört und Schleusen abgerissen.[44]

Wie den Beschreibungen entnommen werden kann, wurden vor allem sehr große Taihu-Steine abgebaut, deren Transport mit enormem Aufwand verbunden war. Die tief im Wasser verborgenen Taihu-Steine zu bergen, war keine leichte Aufgabe. Taucher mussten sich mit Werkzeugen in den See begeben, nach besonderen Exemplaren suchen und diese dann aufwendig herausarbeiten. Sowohl beim Abbau als auch beim Transport wurde ohne Rücksicht auf Menschen und Umwelt vorgegangen, was zu Unmut unter der Bevölkerung führte. Dies und die Reduzierung des natürlichen Vorrats an Taihu-Steinen waren Grund dafür, dass die Steine gewissermaßen von einem Naturobjekt zu einer durch Menschenhand bearbeiteten „Nachbildung" wurden. Das ließ die alten Taihu-Steine umso kostbarer werden.

43 Fan Chengda: *Wu qun zhi: Taihu shi* (*Siku Quanshu* Bd. 485), Shanghai 1987, S. 215.
44 Chen; Jiang (wie Anm. 37), Bd. 79, 1985, S. 95802.

Michael Friedrich

# DER TAIHU-STEIN – EIN EMPORKÖMMLING?[1]

## Zur Nobilitierung der Steinlust in China

Bis heute ist unklar, wann und wie aus der wohl alten Verehrung von ungewöhnlich aussehenden Steinen, denen man entsprechend ungewöhnliche Eigenschaften zuschrieb, repräsentative Zurschaustellung und ästhetische Wertschätzung, moralische und philosophische Reflexion wurden. Fürstliche Parks und Gärten, in denen man reale oder ideale Landschaften aufbaute, stellen vermutlich Zwischenstationen dar, doch lassen sich spezifische Steine als Sammelobjekte und konstituierende Elemente eines Landschaftsgartens nicht vor dem 9. Jh. nachweisen.[2]

Schon die ältere Literatur ist voll von besonderen Steinen: Sie richten sich von selbst auf oder stürzen scheinbar ohne Anlass um, sie besitzen eigenartige Formen, sind ungewöhnlich gefärbt, fallen vom Himmel oder werden aus Wasserläufen geborgen, manchmal tragen sie Inschriften ominösen Inhalts, wie sie überhaupt oft als Omina bevorstehender Veränderungen betrachtet werden. Ungewöhnliche Steine werden dem Kaiser als Tribut dargebracht und in Schatzkammern aufbewahrt, können aber auch vor Palasthallen aufgestellt werden; mit manchen Steinen kann man Regen machen, andere schluckt man und wird klug. Menschen können sich in Steine verwandeln, aber Steine verwandeln sich manchmal auch in Menschen – und so fort. Es ist vermutlich kein Zufall, dass von solchen Steinen

1 Die folgenden Bemerkungen beruhen wesentlich auf Yang, Xiaoshan: *Metamorphosis of the Private Sphere: Gardens and Objects in Tang-Song Poetry*, Cambridge, Mass. und London 2003; ders.: Li Deyu's Pingquan Villa: Forming an Emblem from the Tang to the Song, in *Asia Major* 3rd ser., XVII.2, 2004, S. 45–88; ferner auf Schafer, Edward H.: *Tu Wan's Stone Catalogue of Cloudy Forest: A Commentary and Synopsis*, Berkeley und Los Angeles 1961; Liu, Dongdong: *Villen und Gärten in der Tang-Literatur*, Phil. Diss. Hamburg 2011; Koch, Sarah: *Ikonographie des Taihu-Steins. Unter Berücksichtigung von literarischen Texten der Tang und Song (7.–13. Jahrhundert)*, Magistraarbeit Universität Hamburg 2012. In diesen Werken sind auch viele für den Taihu-Stein relevante Quellentexte übersetzt, obgleich meist im größeren Kontext von Gartenlust sowie allgemeiner Petrophilie und Petromanie. Wo nicht anders vermerkt, stammen die Übersetzungen vom Autor.

2 Zu alten Steinkulten Eberhard, Wolfram: *Lokalkulturen im alten China, Erster Teil: Die Lokalkulturen des Nordens und Westens*, Leiden 1942, S. 350–352; ders.: *Lokalkulturen im alten China, Teil 2: Die Lokalkulturen des Südens und Ostens*, Peking 1942, S. 114–116.

meist aus dem Süden oder Südwesten berichtet wird, nicht nur wegen der geologischen Voraussetzungen, sondern wohl auch wegen der in den meist kurzen Episoden noch durchscheinenden älteren, lokalen Traditionen.[3] Die Bestimmung des Gesteins spielt hier keine Rolle, wenn man davon absieht, dass die Ortsangaben Hinweise auf die Art geben mögen. Schon früh auch wird im höfischen Kontext ein besonderer Stein zur Allegorie für einen besonderen Menschen, der nach außen hin mit seiner Bildung glänzt, in seinem innersten Wesen aber unerschütterlich loyal ist: „poliere ich ihn, wird sein Glanz nicht heller / graviere ich ihn, wird seine Maserung nicht feiner".[4]

Bedenkt man, dass die beiden hier durchgesehenen Enzyklopädien aus dem späten 10. Jahrhundert stammen und überwiegend Werke bis zum 8. Jahrhundert ausschreiben, mag Fan Chengda (1126–1197) recht haben, wenn er in einem Text über Steine angibt, sie würden erst seit der Tang (618–907) geschätzt, und anschließend anmerkt, Bai Juyi (772–846) habe alle Steine im Garten des Niu Sengru (780–849) begutachtet und dabei die aus dem Taihu als edelste eingestuft.[5] Die Andeutung, Bai Juyi habe an der Nobilitierung des Taihu-Steins mitgewirkt, lässt sich nicht von der Hand weisen. Vor einer Sichtung des relevanten Materials ist aber zunächst ein Blick auf die politischen Verhältnisse im Reich der Tang im frühen 9. Jahrhundert zu werfen.

## Hintergründe

Nach dem sogenannten Aufstand des An Lushan (755/756), der den Kaiser zeitweilig ins Exil nach Sichuan zwang und dazu führte, dass das tibetische Großreich sich den Westen des vormals von den Tang beherrschten Gebiets aneignete, war die Politik des Hofes vom Bemühen bestimmt, die Zentrale zu stärken. Als Kaiser Dezong 820 starb, hatte er das Reich nach den Katastrophen des späteren 8. Jahrhunderts, die fast zu seinem Untergang geführt hätten, stabilisiert, die meisten Militärgouverneure wieder dem Hof unterstellt, die Zahl der steuerpflichtigen Haushalte fast verdoppelt und die Finanzen konsolidiert. Sein Nachfolger starb nach nur wenigen Monaten, dessen Nachfolger wurde gleich zu Beginn seiner Herrschaft mit einem Skandal konfrontiert, der lange nachwirken sollte und in den

3 Eine kleine Blütenlese aus *Taiping yulan* 51–52 und *Taiping guangji* 398. Ernstzunehmende Forschung hierzu gibt es nicht.

4 *Taiping yulan* 51/6b; zu dem Liu Zhen (gest. 215/217) in den Mund gelegten Text auch Mather, Richard B.: *Shih-shuo Hsin-yü. A New Account of Tales of the World*, University of Minnesota Press 1976, S. 34.

5 Koch (wie Anm. 1), S. 125. Vielleicht liegt es aber auch schlicht an der Überlieferung: das ebenfalls im späten 10. Jahrhundert kompilierte *Wenyuan yinghua* 161 hat vier Gedichte zum Taihu-Stein, das von Niu Sengru an den Magistrat von Suzhou zum Dank für seine Gabe aus dem Jahr 838 mit zweien zum selben Anlass von Liu Yuxi und Bai Juyi (siehe unten) sowie noch eins von Bai.

gleich mehrere der Steinenthusiasten verwickelt waren, um die es im Folgenden gehen wird.

In der Palastprüfung[6] von 821 waren verdächtig viele nahe Verwandte bekannter Minister auf die ersten Plätze gelangt. Mehrere hohe Beamte, unter ihnen Li Deyu (787–850), Yuan Zhen (779–831) und Li Shen (gest. 846), kritisierten den vermeintlichen Nepotismus und verlangten vom Kaiser eine Wiederholung des Examens. Bai Juyi war hierbei einer von zwei Prüfern, im Ergebnis fielen die meisten vorher Begünstigten durch. Der Skandal hatte ein Vorspiel im Jahr 808, als mehrere in einer kaiserlichen Sonderprüfung geschriebene Aufsätze, darunter auch der von Niu Sengru, den Li Jifu (758–814) kritisierten, den amtierenden Kanzler und Vater von Li Deyu, der daraufhin entlassen wurde. Li Deyu könnten also sehr persönliche Motive zu seiner Eingabe 821 bewegt haben.

Schon bald nach dem Tod der Beteiligten sprach man vom Zwist zwischen einer Li-Gruppe und einer Niu-Gruppe am Hof, der die Historiker bis auf den heutigen Tag beschäftigt. Vermutlich hat es die Gruppen in der unterstellten personellen Zusammensetzung und zeitlichen Dauer (immerhin vierzig Jahre!) nicht gegeben, sondern eher wechselnde Konstellationen, die weniger von politischen Programmen als von persönlichen Motiven geprägt waren, so dass einige Beamte manchmal auf dieser, manchmal auf jener Seite zu finden sind. Die Quellenlage erlaubt hier kein abschließendes Urteil. Unstrittig ist aber, dass Niu und Li, die beide mehrmals Kanzler waren, in zentralen politischen Fragen, etwa der des Umgangs mit den Tibetern, unterschiedliche Auffassungen vertraten und des einen Aufstieg stets mit dem Abstieg des andern verbunden war.[7] Vor diesem Hintergrund ist wohl auch die zeitgenössische Steinlust zu sehen, der man in der östlichen Nebenhauptstadt Luoyang frönte.

## Alter Adel

Luoyang, eine der alten Kaiserstädte, war bei dem Aufstand des An Lushan weitgehend zerstört worden und seinerzeit von alten Beamten und Pensionären geprägt. Zugleich war es aber auch ein Ort, der ständig von Beamten besucht wurde, die auf der Durchreise von der im Westen gelegenen Hauptstadt Chang'an in die östlichen

6 Die Palastprüfung war ein Reichsexamen, nach dessen Bestehen grundsätzlich hohe und höchste Ämter offenstanden. Es konnte aber auch dann noch Jahre bis zur Vergabe einer Stelle dauern, weshalb unregelmäßig stattfindende Sonderprüfungen beliebt waren, da sie erfolgreichen Kandidaten raschen Aufstieg und großes Prestige brachten.

7 Höckelmann, Michael: *Li Deyu (787–850). Religion und Politik in der Tang-Zeit*, Wiesbaden 2016, S. 27–28, S. 56–57; Dalby, Michael T.: Court politics in late T'ang times, in: Twitchett, Denis (Hg.), *The Cambridge History of China*, Bd. 3, Teil 1, Cambridge u.a. 1979, S. 561–681, hier S. 639–654; zu einem angeblich von Niu verfassten Text, der diesen auf infame Weise schmäht und vermutlich aus dem Umkreis des Li stammt, Allen, Sarah M.: *Shifting stories. History, gossip, and lore in narratives form Tang dynasty China*, Cambridge/Mass. u. London 2014, S. 172–179.

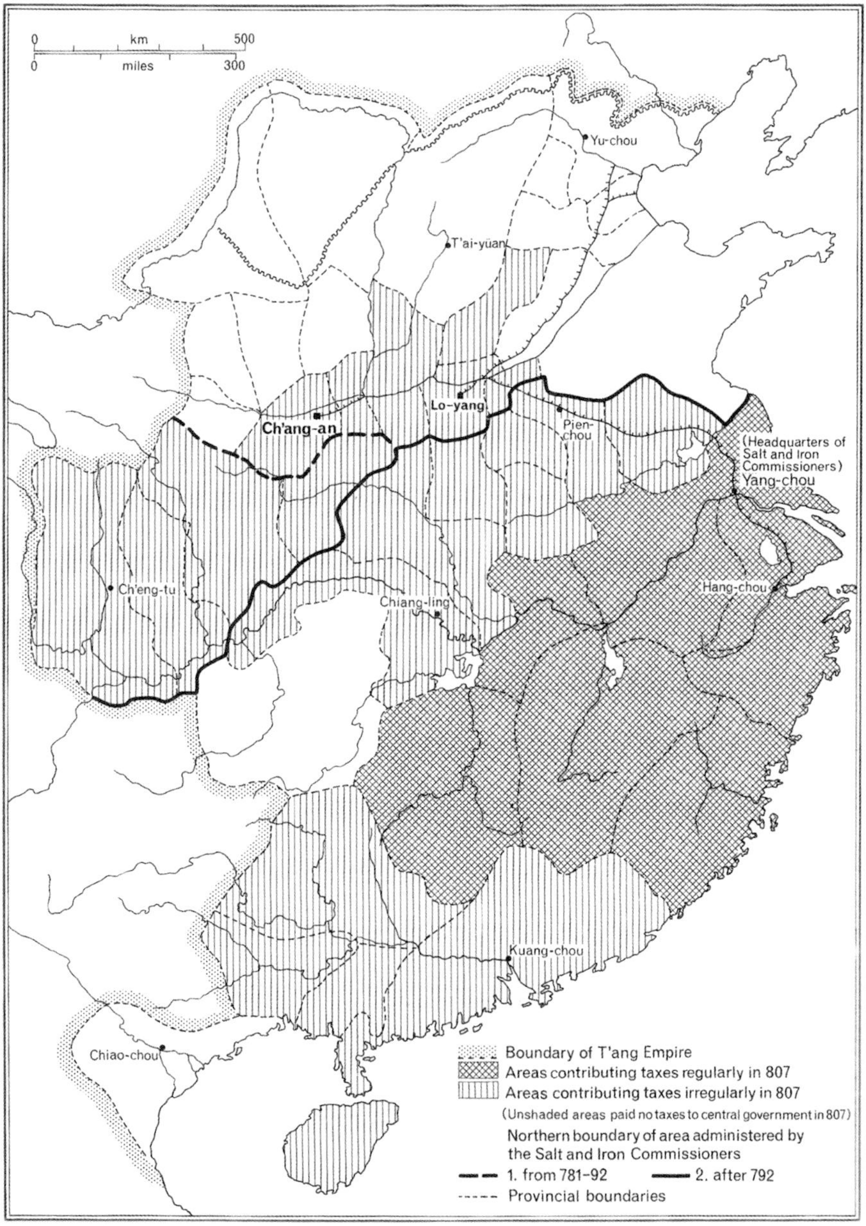


**1** | Herkunft des Steueraufkommens im Tang-Reich um 820 (nach Twitchett, Denis: *The Cambridge History of China*, Bd. 3, Teil 1, Cambridge, London, New York 1979, S. 520).

und südlichen Provinzen waren, die noch vom Hof kontrolliert wurden (Abb. 1). Zudem wurden nicht selten Hauptstadtbeamte, die in Ungnade gefallen waren, dort mit Sinekuren bedacht, so dass die Stadt neutrales Gebiet war, wo man sich frei von den Zwängen, die am Hofe galten, begegnen konnte. Eine spätere Quelle spricht davon, dass im 8. Jahrhundert in und bei Luoyang mehr als tausend Parks und Villen von Adligen, Ministern und Mitgliedern der kaiserlichen Familie gebaut worden seien.[8] Diese Anlagen dienten der Erholung und der Repräsentation, und die Reichen und Mächtigen wetteiferten darin, die prächtigste Ausstattung zu besitzen und die rauschendsten Feste dort zu feiern: je exotischer die Pflanzen und je imposanter die Landschaft, desto größer war der Erfolg, den man dann in zahlreichen Gelegenheitsgedichten pries. Einer der größten und bekanntesten Parks war das Pingquan-Anwesen des bereits genannten Li Deyu.[9]

Li stammte aus einer der vier vornehmsten Familien des Reiches und war somit ein Repräsentant des alten Adels. Er hatte, vielleicht aus Stolz, nicht an den Beamtenprüfungen teilgenommen, sondern sein erstes Amt qua Familienprivileg erhalten, ein damals durchaus üblichen Verfahren. 825 erwarb er das Grundstück westlich der Longmen-Berge etwa 15 km vor Luoyang, als er Magistrat im Südosten des Reiches war. Aus der Ferne ließ er das Anwesen errichten, konnte es allerdings erst 829 zum ersten Mal auf dem Weg in die Hauptstadt besuchen. Seine Dienstgeschäfte ließen ihm selten Muße, sich Pingquan zu widmen, er scheint sich erstmals 836 länger dort aufgehalten zu haben und schrieb in den zweieinhalb Monaten Dutzende von Gedichten über die Ausstattung seines Anwesens, darunter auch Steine. 840 katalogisierte er alle exotischen Land- und Wasserpflanzen, die im Lauf der Jahre als Geschenk oder durch Kauf ihren Weg nach Pingquan gefunden hatten. Die Namen der Pflanzen ließ er in Gartensteine meißeln, damit sich seine Nachkommen an ihnen erbauen könnten. Dass es dabei nicht allein um Sachwissen ging, sagt er selbst: die in seinem Katalog aufgelisteten Pflanzen seien die einzigen Exemplare ihrer Art in Luoyang – solche, die es auch in anderen Gärten gebe, habe er nicht verzeichnet. Seine Steinsammlung muss ebenfalls umfangreich gewesen sein, wie Streitigkeiten darum noch lange nach seinem Tod belegen, auch wenn wir weniger darüber wissen als über seine Pflanzen. Immerhin erwähnt Li einmal einen Stein aus Zhenze – ein literarischer Name des Taihu. Einen besonderen Rang scheint dieser Stein nicht eingenommen zu haben, außerdem ist nicht einmal klar, ob es sich dabei um ein Exemplar aus dem See gehandelt hat. In seinen

8 Yang 2003 (wie Anm. 1), S. 59; zu Luoyang ferner Xiong, Victor Cunrui: Sui Yangdi and the Building of Sui-Tang Luoyang, in: *Journal of Asian Studies*, 52, 1993, S. 66–89. Luoyang war nach Chang'an die zweitgrößte Stadt des Tang-Reichs, deren Anlage und Verwaltung, von der Zweiteilung durch den Fluss Luo abgesehen, weitgehend der Hauptstadt glich, wo viele Landsitze außerhalb der Stadtmauern auch landwirtschaftlich genutzt wurden, siehe Thilo, Thomas: *Chang'an. Hauptstadt Ostasiens und Metropole des Mittelalters 583–904*, Teil 1, Wiesbaden 1997, S. 310–314.
9 Das Folgende nach Yang 2003 (wie Anm. 1).

Gedichten auf Pingquan dienen Li meist Pflanzen oder, weniger oft, Tiere, hier vor allem Vögel, als Sujet, Steine kommen sehr selten vor. In den Versen auf Steine gibt stets die ungewöhnliche Form den Anlass, die Herkunft wird nicht erwähnt.[10]

Zahlreiche Gedichte, darunter solche von Bai Juyi und Liu Yuxi (772–842), bezeugen den Eindruck, den Pingquan machte – und machen sollte.

## Homo novus

Niu Sengru, der Widersacher des Li Deyu, kam aus einer Familie, die sich zwar auf einen Kanzler der Sui (580–618) zurückführte, dann aber abgestiegen war. Sein Vater erreichte nur noch den Rang eines Kreisvorstehers, und er selbst musste nach dessen frühem Tod einen Bauernhof in der Nähe der Hauptstadt Chang'an bewirtschaften, den die Familie als Sicherheit erworben hatte. Im Jahr 805 bestand er die Palastprüfung und erhielt dann sein erstes Amt in einem Kreis bei Luoyang. Sein kritischer Aufsatz von 808 verhinderte zunächst einen weiteren Aufstieg, der erst nach der Thronbesteigung von Kaiser Muzong 820 begann und ihn rasch in höhere Ämter in der Hauptstadt führte. Muzong schätzte ihn wegen seiner Gradlinigkeit und machte ihn bereits 823 zum Kanzler. Li Deyu, zu der Zeit ebenfalls ein Kandidat für das Amt, wurde Gouverneur von Zhexi im Südosten und damit in die Provinz abgeschoben. Eben die Aufrichtigkeit, die sein Kaiser an ihm geschätzt hatte, ließ ihn aber schon bald zu einem Kritiker von dessen Interesse an Lebensverlängerung werden – Muzong starb nur ein Jahr später an Unsterblichkeitspillen, die ihm ein Scharlatan verabreicht hatte.[11] Sein Nachfolger Jingzong war nicht an den Staatsgeschäften interessiert und führte eine Willkürherrschaft, so dass Niu wie damals üblich eine Krankheit zum Vorwand nahm, um sich beurlauben zu lassen. Seine wechselvolle Karriere führte ihn zweimal längere Zeit auf Sinekuren nach Luoyang, die ihm Muße ließen, sich kulturellen Interessen zu widmen. Wie sein Rivale besaß auch Niu dort einen Landsitz im Süden der Stadt, dazu einen Park in einem ihrer Quartiere. Die Parkanlage des Niu nahm einen ganzen Block ein und war mehr als eine Quadratmeile groß.[12] Hier in Luoyang fanden die entscheidenden Begegnungen mit Bai Juyi und anderen statt, in denen der Ruhm des Taihu-Steins literarische besiegelt wurde.

10 Wenn später behauptet wurde, das sogenannte Bonsai habe seinen Ursprung im Pingquan-Garten des Li Deyu, so trifft das nicht zu, siehe Stein, Rolf: Jardins en miniature d'Extrême-Orient, in: *Bulletin d'École Française d'Extrême-Orient* 42, 1942 (1943), S. 1–104, hier S. 19–21.

11 Er war nicht der einzige, siehe Chiang, Lydia: Daoist Transcendence and Tang Literati Identities in Records of Mysterious Anomalies, by Niu Sengru (780–848), in: *Chinese Literature: Essays, Articles, Reviews* 29, 2007, S. 1–21, hier S. 6–7.

12 So Li Gefei in seinen 1095 entstandenen Aufzeichnungen über 19 berühmte Gärten in Luoyang, siehe Yang, Xiaoshan: Li Gefei's "Luoyang mingyuanji" (A Record of Celebrated Gardens of Luoyang): Text and Context, in: *Monumenta Serica* 52, 2004, 221–255; eine chinesische Meile (*li*) entspricht etwa einem halben Kilometer.

## Der Dichter und seine Steine

Bai Juyi[13] stammte aus der verarmten Familie eines unteren Beamten und bestand im Jahre 800 die Palastprüfung im Fach Literatur, zwei Jahre später dann eine weitere, die ihm den Weg zu höheren Ämtern und damit auch ordentlichen Einkünften eröffnete. Seine Kommilitonen stiegen später zu höchsten Ehren auf, sein bester Freund Yuan Zhen, ebenfalls ein Absolvent der Prüfung von 802, wurde gar Kanzler. Über die Familie seiner Frau war Bai mit Niu Sengru verbunden. 823, im selben Jahr also, als dieser zum ersten Mal Kanzler wurde, erwarb Bai ein Anwesen in Luoyang, wo er eine Sinekure erhalten hatte. Offenbar hatte er einmal mit dem Gedanken gespielt, den Landsitz einer Familie Xue in der Nähe des Gartens von Li Deyu zu kaufen – wegen eines Steins: „ein seltsamer Stein, tausend Jahre alt, eine Frucht der Natur". Doch schreckte ihn die Entfernung, da er sie nicht täglich in einer Sänfte aufsuchen könne.[14] So begnügte er sich mit seinem kleineren Garten von einem Hektar in der Stadt: ein Drittel für die Villa, zwei Drittel für den Garten.[15] Zahlreichen Gedichten lässt sich entnehmen, dass er seinen Garten geliebt und ihn als Refugium vom Treiben der Welt mitten in der Großstadt empfunden hat. Nach einem Besuch in dem 834 neu angelegten Park des Pei Du (765–839), eines mächtigen Staatsmannes aus altem Adel, sinniert er, dorthin kämen zwar viele Besucher und zu ihm nur wenige, doch sei es besser, Hausherr als Gast zu sein.[16]

Als er 829 mit einem Rücktrittsgesuch endlich erfolgreich gewesen war und an Stelle des Amtes in Suzhou wieder eine Sinekure in Luoyang erhielt, das er bis zu seinem Tode nicht mehr verlassen sollte, schrieb er in einem autobiographischen Text über den Ausbau seines Gartens:

> Als ich meine Amtszeit in Hangzhou beendet hatte, kehrte ich mit einem Stein aus dem Indien-Kloster und zwei Kranichen aus Huating zurück, baute dann die Xiping-Brücke und legte den Weg um den See an. Als ich meine Amtszeit in Suzhou beendet hatte, kehrte ich zurück mit fünf Taihu-Steinen, Weißem Lotus, ... baute dann die Zhonggao-Brücke und legte den Pfad an, der die drei Inseln verbindet.[17]

Zwei dieser Taihu-Steine hatte er 826 zufällig am Ufer des Sees gefunden und ihnen ein vielzitiertes Gedicht gewidmet:

> Dunkel sind sie, die beiden Steine / Seltsam und hässlich von Gestalt // Für gewöhnliche Aufgaben nicht zu gebrauchen / Von den Zeitgenossen verabscheut und nicht verwendet // Gebildet haben sie sich aus ursprünglicher Leibesfrucht / Und ich habe sie an der Mündung des Dongting gefunden // Seit Urzeiten hatten sie dort am Ufer gelegen / Und auf einmal fielen sie mir in die Hände // Ich ließ sie in meinen Amtssitz bringen / Und den

13 Unübertroffen ist Arthur Waleys Werk zu Bai Juyi: *The Life and Times of Po Chü-i 772–846 A. D.*, London 1949.

14 Yang 2003 (wie Anm. 1), S. 47–48.

15 Yang 2004 (wie Anm. 12), Li Gefei.

16 Yang 2003 (wie Anm. 1), S. 25–26.

17 *Jiu Tang shu* 166/13.4354.

> schlammigen Schmutz abwaschen // Schwarz die Höhlungen, Spuren von Rauch sitzen tief / Grün die Zerklüftungen, moosfarben leuchten sie // ... Plötzlich frage ich mich, ob sie vom Himmel gefallen sind / Gleichen nichts in der menschlichen Welt // Auf den einen stelle ich die Zither / Auf den andern den Wein // ... Der tiefe Pokal ist noch nicht leer / Doch der Jadeberg schon lange eingestürzt // Jeder Mann hat seine Vorlieben / Jedes Wesen sucht einen Partner // Allmählich fürchte ich, dass die Jugend / Den Weißschopf nicht dulden will // Und frage das Steinpaar, mich zu ihm wendend: / Könnt ihr dem Alten Gesellschaft leisten oder nicht? // Sprechen können die Steine nicht / Doch lassen sie zu, dass wir drei Freunde werden //[18]

Die Taihu-Steine stammen aus der Urzeit, aus der sie bizarr und fremd in die Gegenwart hineinragen. Als Trouvaillen werden sie durch Transport in den Amtssitz und Reinigung von den Resten ihrer natürlichen Umgebung zivilisiert, so aber auch erst in ihrer Individualität erkennbar. Und so auch erst rücken sie dem Dichter näher, denn während sie für gewöhnliche Aufgaben nicht zu gebrauchen sind, dienen sie ihm nun als Möbel bei seinen einsamen Vergnügungen. Betrunken wie einst Li Bai, der den Mond zum Tanz lud, fragt er die Steine, ob sie ihm die fehlenden Freunde ersetzen wollen. Wie sie kommt auch er aus einer längst vergangenen Zeit, mit der die Gegenwart nichts mehr anfangen kann. Der Lobpreis von Nutzlosigkeit und Hässlichkeit findet sich bereits in den daoistischen Texten *Laozi* und *Zhuangzi*, eine eigentliche Ästhetik des Hässlichen scheint es allerdings vor der Petrophilie des 9. Jahrhunderts nicht gegeben zu haben. Später wird dann sogar das Wort „hässlich“ (*chou*) als fünftes in den Katalog der Qualitätskriterien für Steine aufgenommen.[19]

## Der Kanzler und sein Stein

Niu Sengru wurde 837 nach Luoyang auf eine Sinekure versetzt. Dort empfing er Gefolgsleute und widmete sich seiner Sammelleidenschaft. Wie sein Rivale Li Deyu war auch er wohl an exotischen Pflanzen interessiert, seine Leidenschaft galt aber vor allem den Steinen. Im folgenden Jahr, 838 also, erhielt Niu aus dem Süden einen besonders auffälligen Taihu-Stein als Geschenk eines Beamten aus Suzhou. Er lud Freunde und Bekannte ein, unter ihnen Bai Juyi und Liu Yuxi, um ihn gemeinsam zu bewundern, und wie es üblich war, bedichtete man das Ereignis. In 40 Versen beschreibt Niu den Stein und zitierte dabei mehrmals das zehn Jahre ältere Gedicht von Bai, auch vergleicht Niu die „häßlichen“ Vorsprünge mit den Nasen der Barbaren.[20] In seinem Antwortgedicht schildert Liu Yuxi die Auswahl des Steines und dessen Bergung, erwähnt auch seinen besonderen Klang, der für Steinliebhaber stets eine Rolle spielte. Das Gedicht beginnt mit Hinweisen auf Herkunft und Transport:

18 Modifiziert nach Yang 2003 (wie Anm. 1), S. 100–101.
19 Siehe hierzu den Beitrag von Sarah Koch im vorliegenden Band.
20 Yang 2003 (wie Anm. 1), S. 106–107.

> Der Zhenze-See bringt einen besonderen Stein hervor / Tief unten empfängt er die magische Kraft der Erde // Kommt nach dem Abschied von der Wasser-Präfektur erstmals zum Vorschein / Trifft ein, noch tranig nach der Drachenbehausung riechend // Abgesandt aus dem Land der Flüsse und Seen / Bringt er dem Hof des Kanzlers Ehre //[21]

Auch das Antwortgedicht von Bai Juyi ist erhalten, es richtet sich zugleich an Liu Yuxi. Nach einer ausführlichen Würdigung der bizarren und zu Assoziationen anregenden Gestalt des Steins und seiner magischen Qualitäten endet es in anspielungsreicher Sprache:

> Ein verführerisches Wesen in dieser Welt / Wie ein Mann mit besonderen Gaben // Querte den Yangzi auf Matten aus Schilfrohr / Kam, von den fünf Riesen geschoben, nach Luoyang // Zwar hatte er nicht im Sinn, dort aufzutauchen / Doch gab einen Mittler, der ihn emporsteigen ließ // Ihn der Tiefe der Wasser-Präfektur entriss / Und aufstellte, dem Hof des Kanzler zugewandt // Für ihn stimmen wir Verse an / Heben mit Blick auf ihn die Becher mit Wein // Entscheiden uns aber zuletzt, der Bronze als Polierstein zu dienen / Und nicht zu üben, wie der Jadeberg einstürzt // Die Herren Shu hegten eine besondere Vorliebe / Der Herr des Parks wendet seinen Blick mehrmals zurück // Gemeinsam beseufzen wir, dass uns das nicht gegeben war: / Sind mit leeren Händen vom Taihu gekommen //[22]

Auch ohne alle Details der Anspielungen und Zitate aufzuschlüsseln, ist klar: Der besungene Stein ist unter den Naturdingen ebenso selten wie ein besonders talentierter Mann. Er ist offenbar so groß und schwer, dass er von normalen Menschen nicht hätte transportiert werden können, und wäre ohne den Beamten, der ihn Niu geschenkt hatte, gar nicht ans Tageslicht gekommen. Wie ein treuer Untertan steht er am Hof des Kanzlers und bezeugt mit seinem Kommen dessen weitreichenden Einfluss. Man beschließt, sich nicht zu betrinken, sondern ihm nüchtern zu dienen, denn anders als die Herren Shu, die einst ihr Amt aufgaben, denkt jener immer noch an den Hof. Bai bedauert einzig, dass nicht er und Liu es waren, die während ihrer aufeinander folgenden Amtszeiten in Suzhou dieses Wunderwerk der Natur geborgen und Niu geschickt hatten.

Hier wird, dem Anlass gemäß, die Bedeutung der Vermittlung hervorgehoben. Der Beamte, der ihn gefunden und transportieren hatte lassen, transformiert ihn zugleich von einem wilden Naturding in einen gehorsamen Untertan und bezeugt somit nicht nur seine eigene Ergebenheit, sondern auch die der gesamten Region, der er vorstand. Gerade durch die Entfernung aus seiner natürlichen Umgebung und Integration in die künstliche der geschaffenen Natur gewinnt er seine Bedeutung. Sein Wert ist Ergebnis dieses Transfers, der zugleich die Integration der ungebändigten Natur in die soziopolitische Ordnung anzeigt, damit aber auch den Einfluss des Niu, der selbst in der Verbannung noch segensreich wirkt.

Noch im selben Jahr wurde Niu an den Hof zurückgerufen und vom Kaiser mit höchsten Ehren bedacht.

21 *Wenyuan yinghua* 161/10a–b.
22 *Wenyuan yinghua* 161/11a.

## Leidenschaft und Kennerschaft

Nachdem Kaiser Wenzong 840 gestorben war, machte dessen Nachfolger Wuzong 841 den Li Deyu zum Kanzler, der Niu erst auf den Posten des Thronprinzenerziehers abschob und ein Jahr später wieder auf seine alte Sinekure in Luoyang versetzte. Mehr als ein Jahr verbrachte er hier, bevor er 844 aufgrund von Verleumdungen des Li Deyu als Thronprinzenerzieher in die Hauptstadt zurückversetzt wurde. 843 schrieb Bai Juyi, der wohl häufiger zu Gast bei Niu war, seine *Aufzeichnungen über den Taihu-Stein*, in denen er der Petromanie seines mächtigen Freundes ein bleibendes Denkmal setzte.

Der Text beginnt mit der Einordnung der Steinleidenschaft des Niu Sengru in andere Obsessionen: wie Yuan Yan den Büchern verfallen war, Ji Kang der Zither und Tao Yuanming dem Wein, so Niu den Steinen. Bai behauptet, er sei der einzige, der ihn verstehe und wisse, warum Niu seine Petrophilie pflege – Steine gefielen ihm eben, und wenn einem etwas gefalle, dann könne man viel damit anfangen. Niu sei sparsam und wählerisch im Umgang mit Menschen, wenn er sich ergötzen wolle, begebe er sich in Gesellschaft seiner Steine. Unter den Steinen sei der Taihu-Stein der vornehmste, und diesem gelte die Leidenschaft des Herrn. Ehemalige Untergebene hätten ihm in den Jahren seit dem letzten längeren Aufenthalt in Luyoang zahlreiche Exemplare geschickt, die er in seinem Park und einer Villa im Süden der Stadt in Reihen aufstelle. Nach einer Phänomenologie der Taihu-Steine und ihrer Landschaften en miniature berichtet Bai vom gemeinsamen Betrachten und ihrer beider Überlegungen, warum und wie lange diese wohl schon in der Welt seien. Kleine und große Steine, aus der Tiefe des Taihu oder von seinem Ufer – alle kämen wie von selbst zu Niu. Er empfange sie wie hohe Gäste und liebe sie wie die eigenen Nachkommen, das sei es vielleicht, was sie zu ihm bringe, wenn es nicht das Bedürfnis der „verführerischen Wesen" selbst sei. Zum Schluss erklärt Bai die Klassifizierung der Steine: es gebe vier Qualitäten, die wiederum in je drei Grade unterteilt würden. Niu hatte offenbar die Bewertung eines jeden Steins auf dessen Rückseite gravieren lassen. Da das künftige Schicksal der Steine ungewiss sei, lege er es jedem Kenner nahe, Nius Steine zu betrachten und seinen Text zu lesen, so werde er verstehen, woher die Leidenschaft des edlen Herrn rühre.[23]

Der einflussreiche Text macht gleich mehreres deutlich: Die Petromanie des Niu ist eine Leidenschaft von gleichem Niveau wie die anderer berühmter Persönlichkeiten der Geschichte. Als Teil seiner Persönlichkeit kann sie nur sein bester Freund Bai verstehen, der diese Obsession teilt. Wie die Steine sind auch ihre Liebhaber standhafte Individuen, bei denen sie sich wohler fühlen als unter den oberflächlichen Menschen, ihrer innersten Natur folgen können und sich nicht glatter Konvention fügen müssen. Weil diese „verführerischen", wörtlich „außerordent-

23 Siehe Koch 2012 (wie Anm. 1), S. 93–97.

lichen" Wesen (*youwu*) – in der zeitgenössischen Literatur ein Wort für femme fatale[24] – von ihren ebenfalls ungewöhnlichen Liebhabern ehrerbietig wie menschliche Wesen behandelt werden, kommen sie von selbst, womit der Anthropomorphismus perfekt wird. Parallel zu der durch Ungleichheit konstituierten Ordnungen von Gesellschaft und Beamtenapparat wird nun die Steingesellschaft in eine Hierarchie eingeordnet, ein Verfahren, das früher schon der ästhetischen Beurteilung von Gedichten galt. Bewertung und Klassifizierung wiederum erfordern nicht allein die Verleihung eines Ranges, sondern auch angemessene literarische Würdigung durch Gleichgesinnte, die zugleich Steinfreunde und namhafte Dichter sind. So spricht Niu in einem Gedicht seine Steine an:

> Denke ich an die Schätze in diesem Park / Fehlt noch jemand, der die erlesensten erkennt // Unsterbliche Dichter sind Liu und Bai / Um euretwillen habe ich sie mehrmals empfangen! //[25]

## Inszenierungen

Bai Juyi war schon zu Lebzeiten im ganzen Reich bekannt. In einem Brief an Yuan Zhen zählt er 815 mit gebührender Bescheidenheit auf: ein Singmädchen, das seinen Preis erhöht hat, weil es seine Ballade vom ewigen Leid singen konnte; Singmädchen, die ihn bei einem Wirtshausbesuch unterwegs ansprachen, weil sie seine Lieder kannten, und „auf dem ganzen Weg, drei oder vier tausend Meilen lang, von Chang'an nach Jiangxiao fand ich überall meine Gedichte in Dorfschulen, buddhistischen Klöstern, Herbergen und auf Schiffen eingeritzt, und hörte sie von Beamten, Mönchen, alten und jungen Frauen gesungen".[26] Diese Beliebtheit, die sich schon zu Lebzeiten auch nach Japan verbreitete, hat sicherlich ihren Teil dazu beigetragen, dass sich seine Steinleidenschaft und die des Niu und beider Wertschätzung des Taihu-Steins verbreiteten. Vermutlich ist es kein Zufall, dass Nius Sammlung derart prominent von einem „unsterblichen Dichter" publik gemacht wurde.

Bais „Aufzeichnungen" scheinen auf die von Liu Deyu zu antworten, in denen er sich mit seinen Pflanzen brüstet. Trotz der dürftigen Quellenlage liegen hinreichend Indizien dafür vor, dass die Petrophilie des Niu Sengru mehr war als ein persönlicher Spleen: Li Deyu, Angehöriger einer der vornehmsten Familien im ganzen Reich, erstellt einen Katalog seiner Pflanzen und ist arrogant genug, nur die zu aufzulisten, die es andernorts in Luoyang nicht gibt; Niu Sengru, der zwar vermutlich nicht so arm war, wie es seine Biographie glauben machen will, seine Würden aber durch Erfolg im Prüfungssystem errungen hat, lässt den bekanntesten Dichter im ganzen Reich seinen Ruhm verbreiten, indem er nicht nur seine

24 Dudbrige, Glen: *The Tale of Li Wa*, London 1983, S. 67–72.
25 Modifiziert nach Yang 2003 (wie Anm. 1), S. 108.
26 Gu Xuejie (Hg.): *Bai Juyi ji*, 4 Bde., Peking 1979, Bd. 3, S. 963.

Leidenschaft, sondern diese zugleich als logisches Element einer Gesinnungselite rechtfertigt. Unermüdlich im Einsatz für Kaiser und Reich, ist seine einzigartige Steinsammlung Symbol der Unterstützung durch besondere Menschen und ursprüngliche Naturkräfte und empfiehlt ihn darum umso mehr dem Hof als tüchtigen Minister. Während sein Widersacher sich an der schieren Menge und Exklusivität seiner exotischer Pflanzen erfreut und seinen Besitz in Listenform bekanntmacht, klassifiziert und wertet Niu seinen Hofstaat aus Steinen – mit der Hilfe eines „unsterblichen Dichters“. Publiziert werden nicht die Objekte, sondern der Umgang mit ihnen und die gemeinsame Begutachtung durch eine kleine Elite von Kennern nach bestimmten Kriterien. Die Hierarchie – Taihu-Steine sind die besten, auch unter ihnen gibt es aber noch Qualitätsunterschiede – erinnert wohl nicht zufällig wieder an die des Beamtenapparats mit seinen Rängen, über deren Inhaber idealiter nicht Geburtsrechte, sondern individuelle Leistung entscheiden. Wenn spätere Autoren sich wundern, dass Li und Niu trotz ihrer Feindschaft derselben Leidenschaft frönten, ist das wohl schon anachronistisch: sie konkurrierten eben auch auf diesem Felde.

## Literatur und Steinlust

Es wäre naiv, den Selbstzeugnissen der Beteiligten uneingeschränkt zu vertrauen. Schon die oberflächliche Lektüre vor allem der Texte von Bai Juyi macht deutlich, dass es sich um wohlkomponierte Texte eines Mitglieds der literarisch gebildeten Elite handelt, für die das Verfassen eleganter Gelegenheitsgedichte und Prosatexte zum Alltag gehörte. Bai vergisst es nie, neben dem Niu Sengru auch sich selbst ins rechte Licht zu setzen: wenn es darum geht, den Beamten zu loben, der den außergewöhnlichen Taihu-Stein geborgen und an Niu geschickt hatte, weist Bai artig darauf hin, ihm selbst sei das während seiner Amtszeit nicht gelungen, und unterstreicht durch seine Selbstherabsetzung die einzigartige Leistung des Beamten; und in seinen „Aufzeichnungen“ ist Bai der einzige, der Nius Leidenschaft teilt und versteht.

Auf der anderen Seite gibt es zahlreiche Hinweise, dass es tatsächlich die Steinleidenschaft des Bai Juyi und des Niu Sengru war, die den Taihu-Stein ins öffentliche Bewusstsein hob und ihn plötzlich zu einem begehrten Luxusgegenstand werden ließ. Aus dem Gedicht des Liu Yuxi von 838 geht hervor, dass man schon vorher den Stein abbaute und wohl auch verkaufte. Aber wenn derselbe Li Shen, der 821 als Gefolgsmann von Li Deyu für eine Wiederholung der Palastprüfung plädiert hatte, im Jahr 832 berichtet, fast alle Taihu-Steine, die einst in einem bestimmten Tempel gestanden hätten, seien verschwunden,[27] so ist dieses unmoralische Interesse an

27 Yang 2003 (wie Anm. 1), 105, Anm. 38.

den Steinen mit einiger Sicherheit auf Bai Juyi zurückzuführen – wenn Li Shen ihn hier nicht sogar indirekt kritisiert.

Die Petrophilie ist eines der ersten Beispiele für die seit dem 9. Jahrhundert einsetzende Verbindung von Sammelleidenschaft mit Kennerschaft, welche für die spätere Entwicklung der chinesischen Künste so entscheidend ist.[28] Zugleich zeigt sie aber auch den einsetzenden gesellschaftlichen Wandel an, der den alten Adel durch eine neue Schicht ablöst, die sich über Grundbesitz und Bildung definiert.[29]

28 Zeitlin, Judith T.: The Petrified Heart: Obsession in Chinese Literature, Art, and Medicine, in: *Late Imperial China* 12.1, 1991, S. 1–26.
29 Bol, Peter K.: *„This Culture of Ours": Intellectual Transitions in T'ang and Sung China*, Stanford 1992.

Regina Siemß

# MEHR ALS NUR STEIN

## *guaishi* als Tribut für den Kaiserhof in Chang'an (618–907)

> Die Altvorderen sagten: „Ohne Steine besitzt ein Berg nichts Außergewöhnliches, ohne Steine besitzt Wasser keine Reinheit, ohne Steine besitzt ein Garten keine Eleganz, ohne Steine besitzt ein Studio keine Kultur.[1]

Dieses kurze Zitat aus einem Buch über Kunstsammlungen in China zeigt bereits die wichtige Rolle, die Steinen beigemessen wird. Berge, Wasser, Gärten und auch Arbeitszimmer müssen von Steinen beseelt sein, da ihnen sonst das Außergewöhnliche, das Malerische und das Kultivierte fehlt. Die Steine wurden häufig unter größtem Aufwand und hohen Kosten selbst in den abgelegensten Regionen des Kaiserreichs abgebaut und zu den Sammlern transportiert.

Gemeint sind vor allem die „ungewöhnlichen Steine", die *guaishi* 怪石, die durch ihre außergewöhnliche Form auffallen und sogar dem Kaiserhof als Tribut dargebracht wurden. Festgehalten wurde dies auf der fragmentiert erhaltenen Querrolle *Tribut-Gesandtschaft* (*Zhigong tu* 職貢圖), die dem Beamten und Hofmaler Yan Liben 閻立本 (ca. 600–674)[2] zugeschrieben wird (Abb. 1). Auf ihr ist eine Gesandtschaft zu sehen, die mit ihren Tributen auf dem Weg an den Kaiserhof in Chang'an 長安, der damaligen Hauptstadt der Tang-Dynastie (618–907), ist. Die ungewöhnlichen Steine sind hier Teil der Gaben an den Hof. Die Entstehung und Geschichte sowie das Bildprogramm der Querrolle selbst lassen viele Fragen offen und bieten einigen Raum für die weitere Forschung; hier dient die Rolle als Ausgangspunkt, um die Bedeutung der Steine innerhalb des Tributsystems zu untersuchen. Woher konnten die Steine zur Zeit der Tang-Dynastie kommen, wie wurden sie genutzt und wie gliederten sie sich in die Tradition des Tributsystems ein? Dies soll im weiteren Verlauf untersucht werden, wobei auch Erläuterungen zum Tributsystem und

1 古人曰: „山無石不奇, 水無石不清, 園無石不秀, 室無石不雅. […]", Liu Daorong (Hg.): *Qi shi* 奇石. *Shang juan* 上卷 (*Zhongguo yishupin shoucang jianshang quanji* 中国艺术品收藏鉴赏全集), Changchun 2007, S. 7.

2 Yan Liben war Hofbeamter und Maler unter den beiden Kaisern Taizong 太宗 (reg. 626–649) und Gaozong 高宗 (reg. 650–683), siehe: Ouyang Xiu 歐陽修: *Xin Tang shu* 新唐書, Beijing/Shanghai 1975. S. 3941–3943.

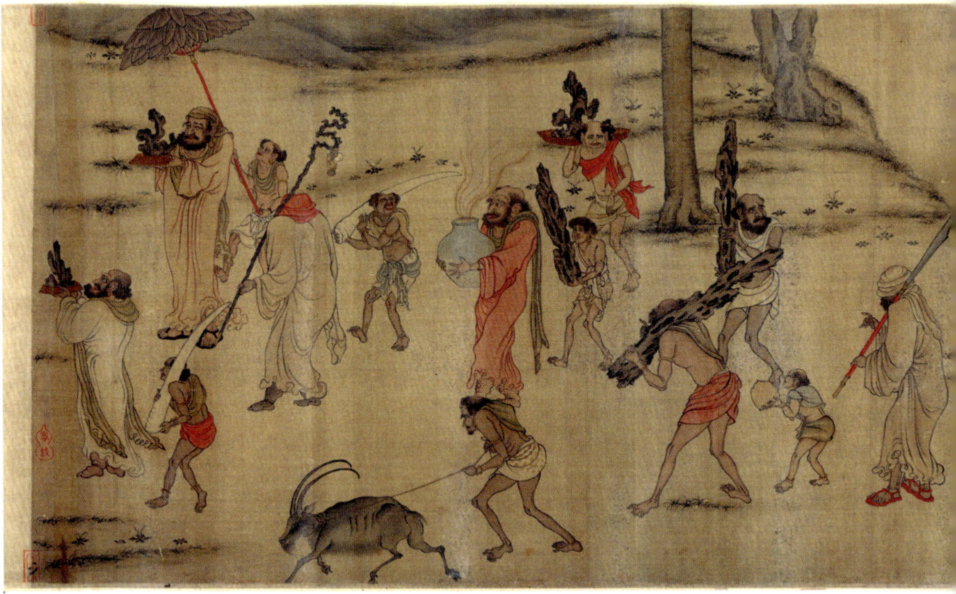

1 | Yan Liben: *Tribut-Gesandtschaft*, Querrolle, Farbe auf Seide, 61,5 × 191,5 cm, Nationales Palastmuseum, Taipeh.

dessen Bedeutung sowie zur Geschichte der Tang gegeben werden. Zuerst ist jedoch der Begriff *guaishi* genauer zu untersuchen und die Querrolle ausführlicher zu betrachten.

## Die ungewöhnlichen Steine – *guaishi*

Der Begriff *guaishi* wird sowohl für natürliche Berg- und Steinformationen als auch für kleinformatige Steine benutzt. Er setzt sich zusammen aus den Worten *shi* 石 für Stein und *guai* 怪, was als seltsam, sonderbar oder kurios lexikalisiert wird.[3] Was zuerst als negativ besetzt anmutet, ist in Bezug auf die Steine jedoch positiv gemeint. Gemeinsam ist den Steinen – gleich welcher Größe – eine außergewöhnliche Form, die von Krümmungen und Bögen, aufragenden Höhen und ausgedehnten Tiefen geprägt ist. Diese Beschreibung geht auf Zhao Xique 趙希鵠, einen Gelehrten der Song-Dynastie (960–1279) und seine Abhandlung *Beurteilung von ungewöhnlichen Steinen* (*Guaishi bian* 怪石辨) zurück.[4] Zu ihrer Verwendung schreibt er, dass sie auf einen Tisch gestellt werden können, man sie ansehen und sich ihrer erfreuen

3 Xu Zhenmin 许震民: *Xin Han De cidian* 新汉德词典 (Das neue Chinesisch-Deutsche Wörterbuch), Beijing 1985, S. 297.
4 Zhao Xique 趙希鵠: 洞天清錄 – 怪石辨 *Dongtian qinglu – guaishi bian*, in: Sang Xingzhi 桑行之 (Hg.), *Shuo shi* 說石, Shanghai 1993, S. 637.

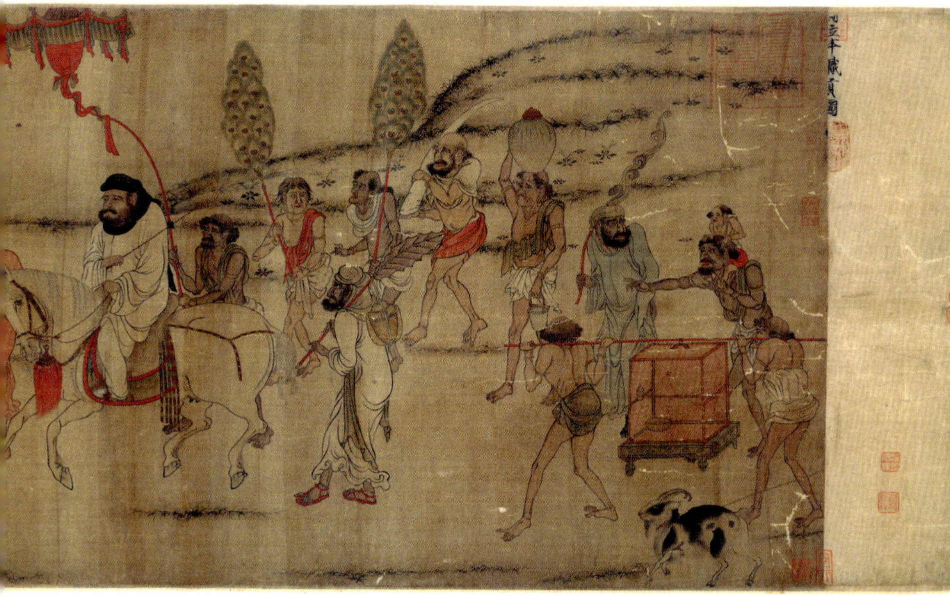

könne.[5] In ihren auffallenden Formen und der Eigenart ihres Äußeren liegt der besondere Reiz der Steine. Daher ist *guai* in diesem Fall anerkennend gemeint und wird im Folgenden mit außergewöhnlich oder ungewöhnlich übersetzt. Diese ungewöhnlichen Steine wurden nicht nur während der Song-Zeit, wie von Zhao Xique beschrieben, in Gelehrtenstudios aufgestellt. Die Sammlung der außergewöhnlich geformten Steine lässt sich bis in die vorangegangene Dynastie, die Tang (618–907), zurück verfolgen.

## Die Querrolle *Tribut-Gesandtschaft*

Wie auf der Querrolle *Tribut-Gesandtschaft* zu sehen ist (Abb. 1), wurden diese ungewöhnlichen Steine sogar dem Kaiserhof als Geschenk dargebracht. Heute befindet sich die Querrolle im Nationalen Palastmuseum in Taipeh. Gefertigt wurde das Werk mit Farbe auf Seide. Es hat die Maße 61,5 cm mal 191,5 cm. Der genaue Fertigungszeitraum des ursprünglichen Werks ist nicht gesichert, da es sich bei der Querrolle vermutlich um eine Kopie aus der Song-Dynastie handelt.[6] Ein Ein-

5 Ebd.
6 Nationales Palastmuseum Taipeh: *Tang Yan Liben Zhigong tu juan* 唐 閻立本 職貢圖 卷. [online]. Verfügbar unter: http://www.npm.gov.tw/dm2001/B/exhibition/personage/C2A000001N_adv.htm, zuletzt abgerufen am 09.10.2015.

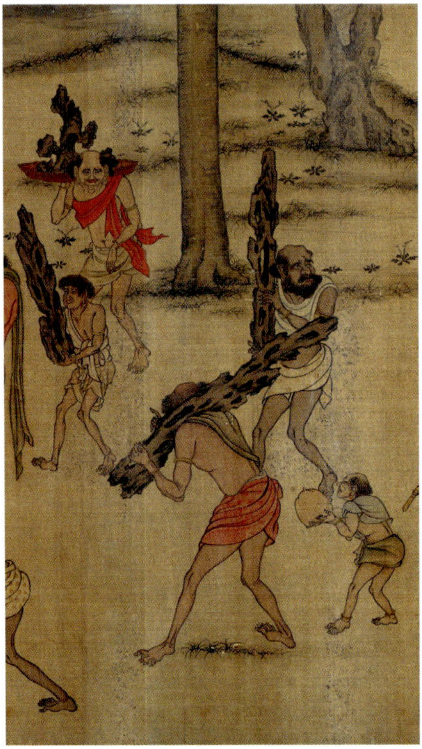

**2** | Yan Liben *Tribut-Gesandtschaft* (Detail).

trag im *Katalog der Malereien der Sammlung Xuanhe* (*Xuanhe huapu* 宣和畫譜), dem offiziellen Sammlungskatalog des Kaisers Huizong 徽宗 (reg. 1100–1126), der um 1120 n. Chr. fertiggestellt wurde, und in dem neben biographischen Angaben auch Werke der Künstler vermerkt sind, zeigt, dass eine derartige Querrolle nicht nur im Besitz des Kaisers war, sondern auch die Zuschreibung und Betitelung durch den Hof getätigt wurde.[7] Am oberen rechten Bildrand sind der Name des Künstlers Yan Liben und der Titel in der Kalligraphie des Song-Kaisers Huizong sichtbar. Dies weist genauso wie die Siegel am rechten und linken Bildrand darauf hin, dass sich das Werk in der Sammlung des Kaisers befand.

Die Rolle zeigt eine Tributgesandtschaft mit ihren Gaben in einem Zug auf dem Weg an den Kaiserhof in Chang'an. Anhand der Bildkomposition ist zu erkennen, dass es sich ursprünglich um ein größeres Werk gehandelt haben muss. Die Unvollständigkeit der Querrolle zeigt sich beispielsweise in der Bildanordnung der rechten Seite: Eine Ziege wird an einer Leine geführt, die Darstellung der Leine führt jedoch über den Bildrand hinaus. Auch an der linken Seite ist zu erkennen, dass Teile der Querrolle fehlen: die Figurengruppe, die sich auf den Rand zu bewegt,

7 Yue Ren 岳仁: *Xuanhe huapu* 宣和画谱, Changsha 2006, S. 31.

ist zu nah am Bildrand platziert. Das genaue Ziel lässt sich nur durch den Titel vermuten, der auf eine Gesandtschaft zum Kaiserhof schließen lässt, auf der Querrolle selber ist kein Ziel zu erkennen. Insgesamt sind auf dem Werk siebenundzwanzig Personen in einem Zug von der rechten zur linken Seite dargestellt. Alle Figuren sind männlich, teils lediglich mit Lendenschurz und losen Tüchern, teils mit weißen Roben bekleidet. Bis auf einen bärtigen Reiter auf einem weißen Pferd sind alle Personen zu Fuß unterwegs. Vor und hinter dem Reiter, der von einem roten Baldachin überspannt wird, laufen Krieger, Bedienstete und Sklaven. Die meisten der laufenden Diener sind mit einer Gabe beladen oder führen ein Tier. Unter den Lasten befinden sich ein Papagei in einem Käfig, verschiedene Krüge, Fächer aus Pfauenfedern, Ziegen, Elefantenstoßzähne und mehrere Steine. Insgesamt sind sechs Träger mit solchen Steinlasten beladen. Zwei Männer halten kleinere, besonders geformte Steine in einer verzierten goldfarbigen Schale vor ihrer Brust. Dahinter folgt ein Träger, der eine mächtige Schale, in der ein Stein liegt, auf seiner rechten Schulter balanciert. Neben ihm gehen drei weitere Bedienstete, die hoch emporragende, von Löchern durchsetzte Steine tragen (Abb. 2). Die „ungewöhnlichen Steine" entsprechen in ihrer Darstellung den Beschreibungen von Zhao Xique aus der Song-Dynastie – sie ragen in die Höhe, haben Wölbungen und Vertiefungen, außerdem sind sie gewunden und besitzen Ecken und Kanten. Insgesamt erscheinen sie außergewöhnlich und besonders.

Die Darstellung der Steine in einer Schale ist für die Zeit hingegen nicht ungewöhnlich. Die bekannten Holzpodeste, auf denen Steine heute vielfach stehen, wurden erst ab dem 14. Jahrhundert genutzt.[8] Die Ausstellung in Becken geht auf die beliebten Miniaturgärten, die *penjing* (盆景)[9] zurück. Während der Tang-Dynastie wurden Steine auch alleine in einem Becken aufgestellt und ohne zusätzliche Pflanzen bewundert.[10]

Wann genau die Querrolle entstand und ob eine derartige Delegation tatsächlich in der Konstellation an den Kaiserhof in Chang'an kam, ist ungewiss. Das Eintreffen von Delegationen in der Hauptstadt wurde am kaiserlichen Hof schriftlich festgehalten. Einige Forscher gehen davon aus, dass es sich um Gesandtschaften aus verschiedenen Staaten handelt, die sich zusammengeschlossen hatten und gemeinsam in der Tang-Hauptstadt in den Jahren 629 oder 631 eintrafen. Es soll sich um eine Tributgesellschaft aus Südostasien handeln, aus dem heutigen Java, von Bali und aus Teilen des heutigen Vietnam.[11] Zu bedenken ist bei dieser These, dass zur

8 Stuart, Jan: Where Chinese Art Stands: A History of Display Pedestals for Rocks, in: Mowry, Robert D., *Worlds Within Worlds: The Richard Rosenblum Collection of Chinese Scholars' Rocks*, Cambridge, 1997, S. 85–107, 96.

9 Bei den *penjing* handelt es sich um Ziertopflandschaften, in denen Steine und Pflanzen zu einer landschaftlichen Szenerie zusammengefügt wurden. Siehe: Stuart 1997 (wie Anm. 8), S. 93. Geläufiger ist diese Form der Gartenkunst unter dem japanischen Namen Bonsai.

10 Ebd.

11 Siehe Nationales Palastmuseum Taipeh: *Tang Yan Liben zhigong tu juan* [online] (wie Anm. 6).

Zeit der Tang-Dynastie die geographische Ausdehnung des Reiches weite Teile Südostasiens, wie den nördlichen Teil des heutigen Vietnam sowie Laos umfasste. Somit käme die Gesandtschaft nicht aus einem anderen Staat, sondern aus einem entfernten Teil des Kaiserreichs.[12] Tribute wurden nicht nur von Königreichen außerhalb der Reichsgrenze gefordert, sondern auch von den Provinzen des Kaiserreichs verlangt.[13]

## Das Tributsystem des Kaiserhofes

Wirft man einen Blick auf die offiziellen Dynastiegeschichten, finden sich in den Aufzeichnungen viele Angaben über Tributgesandtschaften. Tribute waren ein wichtiger Teil der Machtpolitik des Kaiserhofes. Das Tributsystem war tief im kaiserlichen Selbstverständnis verankert und ein bedeutendes Mittel des Machterhalts. Auch zur Zeit der Tang-Dynastie, im sogenannten goldenen Zeitalter, war das Empfangen von Tributgesandtschaften regelmäßiger Bestandteil der höfischen Politik. Die Tang-Ära gilt als Zeit der kulturellen Vielfalt und der wirtschaftlichen Blüte. Insbesondere unter dem zweiten Kaiser Taizong 太宗 (reg. 626–649) begann eine Zeit des intensiven Handels und des kulturellen Austauschs. Gesandte und Händler aus entfernten Teilen der Welt kamen an den kaiserlichen Hof in Chang'an, dem heutigen Xi'an. Delegationen aus Persien und Assam, aus Arabien, Indien, Ceylon, Java und Malaysia reisten auf dem Landweg über Zentralasien oder auf dem Seeweg von Süden in das Reich der Tang.[14] Die Waren wurden durch verzweigte Wassersysteme über Flüsse und Kanäle im Kaiserreich verbreitet und über die Metropolen bis in die Hauptstadt gebracht. Geregelt wurden die Außenbeziehungen zwischen der Tang-Dynastie und den anderen Staaten durch das Tributsystem. Grundlage des Systems war die Annahme des Kaiserreichs, anderen Völkern überlegen zu sein und im Zentrum der Welt zu liegen. Demzufolge waren alle anderen Völker verpflichtet, dem Kaiser zu dienen und seine Herrschaft und die Überlegenheit seiner Kultur anzuerkennen. Jedes Volk, das mit dem Kaiserreich in Kontakt treten wollte, musste sich in das System eingliedern. Der geografischen Lage zum Hof entsprechend wurde der zeitliche Abstand, in dem Delegationen Abgaben leisten mussten, geregelt. Nachbarstaaten mussten ein- bis zweimal im Jahr Tributgeschenke bringen, weiter entfernte Staaten in größerem zeitlichen Abstand. Die Entfernung zum Hof galt auch als Maßstab für die Zivilisierung eines

12 Für mehr Informationen über das Ausländerbild in der chinesischen Kunst siehe: Hildebrand, Joachim: *Das Ausländerbild in der Kunst Chinas als Spiegel kultureller Beziehungen (Han-Tang)*, Stuttgart 1987.

13 Fairbank, John K.: Tributary Trade and China's Relations with the West, in: *The Journal of Asian Studies*, Volume 1, Issue 2, Februar 1942, S. 129–149, 133.

14 Vgl. Lewis, Mark Edward: *China's Cosmopolitan Empire: The Tang Dynasty*, Cambridge u.a. 2009, S. 156–163.

Staates, je weiter weg ein Land vom Zentrum Chang'an lag, als desto unzivilisierter galt es.

Als Tributgaben dienten vorwiegend besondere Produkte der jeweiligen Region; sie konnten alles von Mineralien über Pflanzen bis hin zu Tieren und selbst Menschen umfassen. Geleitet wurden diese Gesandtschaften häufig von einem Prinzen oder hohen Würdenträgern. Am Hofe erhielten sie die Behandlung einer Ehrendelegation und als Zeichen der Anerkennung des Tributs durch den Kaiser wurde ihnen ein Zeichen der Vasallenschaft gewährt. Außerdem wurden den Gesandten wertvolle Geschenke wie Schmuck und Seidenwaren mitgegeben, so dass auch für das Kaiserreich selbst hohe Kosten entstanden. Die Gesandtschaften hatten auch auf den Handel Einfluss. Neben der offiziellen Tributübergabe am Kaiserhof fanden Märkte statt, auf denen Kaufleute der sogenannten Vasallenstaaten mit Händlern des Kaiserreichs Waren tauschen konnten. Diese Märkte waren häufig nur möglich, wenn eine Tributgesandtschaft an den Hof kam.[15]

## Ursprünge des Tributsystems und erste Erwähnungen der *guaishi*

Die Grundlage für das Tributsystem wurde bereits in den kanonischen Texten festgeschrieben. Im *Shujing* 書經, dem kanonischen *Buch der Urkunden* (ca. 5 Jh. v. Chr.), finden sich die maßgebenden Erklärungen der chinesischen Weltordnung und des Tributsystems.[16] In ihm sind auch die ersten Berichte über Tributgaben aufgezeichnet. Yu, der mythische Herrscher, der einst das Land vor einer Flutkatastrophe durch den Bau von Dämmen gerettet und danach die erste Dynastie, die Xia (trad. 2205–1766 v. Chr.) gegründet haben soll, teilte das Kernland in neun Zonen ein.[17] Aus diesen Zonen erhielt der Flutenbändiger lokaltypische Gaben, die in dem Kapitel *Tribute für Yu* (*Yu gong* 禹貢) festgehalten wurden. Unter diesen Tributgaben befanden sich auch Steine. In mehreren Passagen wird von Wetzsteinen (*li* 礪), Schleifsteinen (*di* 砥) und Flintsteinen (*nu* 砮), die zu Pfeilspitzen verarbeitet wurden, berichtet. Aus einigen Regionen erhielt Yu Klangsteine (*qing* 磬), die geschnitten und poliert wurden, bis unterschiedliche Töne beim Anschlagen erzeugt werden konnten. Klangsteine waren Musikinstrumente, auf denen beispielsweise während religiöser Rituale gespielt wurde.[18] Auch Steine zum Polieren der Klangsteine (*qing cuo* 磬錯) bekam der mythische Herrscher als Tribut. Neben

15 Siehe Schafer, Edward H.: *The Golden Peaches of Samarkand: a Study of T'ang Exotics*, Berkeley 1963, S. 24–28.

16 Vogelsang, Kai: *Geschichte Chinas*, Stuttgart 2012, S. 383; weitere Literatur siehe auch Abramson, Marc S.: *Ethnic identity in Tang China*, Philadelphia 2008, S. 113–114.

17 Abramson 2008 (wie Anm. 16), S. 115–117. Für eine Darstellung der Taten Yus siehe: Birrell, Anne: *Chinese Mythology: An Inroduction*, Baltimore and London 1993, S. 146–159.

18 Laufer, Berthold: *Jade: A study in Chinese Archaeology and Religion*, New York 1974 (Reprint der Ausgabe 1912), S. 327.

den Steinen, die als Werkzeug und Bearbeitungsmittel genutzt wurden, waren die Gaben aus der Zone Yang, welche im Bereich der heutigen Provinz Anhui liegt, *yao-* (瑶) und *kun-* (琨) Schmucksteine. *Kun* ist als „eine Art Jade“ oder „wertvoller Stein, der einer Perle ähnelt“[19] lexikalisiert, *yao* mit „wertvoller Stein oder grüner Jaspis“[20]. Aus der Zone Yong, welche dem Gebiet des heutigen Shanxi entspricht, erhielt der Kaiser „Steine, die Perlen ähneln“ (*langgan* 琅玕).[21] Mythische Überlieferungen erzählen auch von einem *langgan*-Baum (*langgan shu* 琅玕树) auf dem Kunlun-Berg (崑崙山) im Reich der Unsterblichen.[22] Edward Schafer vermutet in seinen Publikationen über den Austausch des Kaiserreichs mit anderen Kulturen zur Zeit der Tang, dass es sich bei dem Material *langgan* um eine Koralle handeln könnte, die sich nach einiger Zeit an der Luft bläulich und grünlich verfärbt, oder aber um ein blau-grünes glasartiges Mineral.[23]

In dem Kapitel *Tribute für Yu* findet sich auch die erste Erwähnung der *guai shi* – der ungewöhnlichen Steine. Aus der Zone Qing erhielt der Kaiser eben diese als Tribut dargebracht. Diese Steine sollen aus den Tälern von *Dai* kommen.[24] *Daishan* 岱山 ist der alte Name für den Taishan 泰山 in Shandong, der als einer der Fünf heiligen Berge in China gilt. Um welche „ungewöhnlichen Steine“ es sich handelt und wie sie damals aussahen, ist nicht sicher. In einem Kommentar zu *Tribute für Yu* beschreibt Kong Anguo 孔安國 (2. Jh. v. Chr.) *guaishi* als Steine, die Jade ähneln.[25] Jade, der gebräuchliche Name für ein Gestein, das überwiegend aus Nephrit oder Jadeit besteht, wird bereits seit dem Neolithikum zu Schmuck- und Ritualgegenständen verarbeitet.[26] Die Ähnlichkeit kann sich sowohl auf das Äußere als auch auf den Wert der Steine beziehen.

Die Einträge in *Tribute für Yu* zeigen, dass ungewöhnliche Steine bereits im Altertum als Tributgabe verwendet und somit als wertvolles Zeichen der Anerkennung eines Herrschers übergeben wurden. Wie auf der Querrolle zu erkennen ist, wurde diese Tradition auch in den darauffolgenden Dynastien fortgeführt.

19 Mathews, R. H.: *Mathews' Chinese-English dictionary*, Taipeh 1975, S. 539.

20 Karlgren, Bernhard: *Analytic dictionary of Chinese and Sino-Japanese*, Paris 1923, S. 91.

21 Für eine Auflistung der Stein-Tribute, siehe: Katō Jōken 加藤常賢: 禹貢 *Ukō* in: 書經上*Sho kyō jō*. (*Meiji shoin shinshaku kanbun taikei* 明治書院新釋漢文大系 25), Tokio 1983, S. 77–80.

22 Für eine Beschreibung des Kunlun-Berges als Sitz der Götter sowie der Erwähnung des *langgan* Baumes, siehe Birrell 1993 (wie Anm. 16), S. 183–185.

23 Vgl. Schafer 1963 (wie Anm. 17), S. 246; siehe auch Schafer, Edward H.: *The Vermilion Bird: T'ang Images of the South, Berkeley*, California u.a. 1967, S. 159.

24 Katō 1983 (wie Anm. 21), S. 72.

25 Katō 1983 (wie Anm. 21), S. 73.

26 Zu weiteren Informationen über Jade in China: Loehr, Max: *Ancient Chinese Jades – From the Grenville L. Winthrop Collection in the Fogg Art Museum, Harvard University*, Cambridge 1975, S. 5ff.

## Steine als Tributgaben – Herkunft und Verwendung

Zur Zeit der Tang galten die südlichen Gebiete, die heutigen Provinzen Guangdong, Guangxi und das heutige Vietnam, als wichtige Lieferanten für Kalkstein.[27] Besonderen Einsatz erhielt Kalkstein in medizinischen Anwendungen, was die bekannte Materia Medica, das *Buch der Heilkäuter* (*Bencao gangmu* 本草綱目), belegt. Vor allem Stalaktiten und Stalagmiten galten als förderlich für die Gesundheit. Aus ihnen bereitete man ein Pulver, welches mit Wein zusammen eingenommen wurde. Diese als stärkend und regenerierend geltenden Pulver fanden ihren Einsatz auch als Aphrodisiakum.[28] Jährlich forderte der Tang-Hof eine Tributleistung an Kalkstein an.[29] Jedoch waren die südlichen Provinzen nicht nur Lieferant für medizinische Steine, auch Klangsteine und Steine, die für ihre außergewöhnliche Form gepriesen wurden, kamen aus der Region. Einen besonderen Ruf hatten während der Tang-Dynastie die Kalksteine des Berges Luofu 羅浮. Der berühmte Dichter Bai Juyi 白居易 (772–846) stellte in einer Abhandlung über den Taihu-Stein aus dem Jahr 843 bereits eine Art Stein-Hierarchie auf. Er schrieb, dass es viele verschiedene Steine gebe, die aus Taihu seien die besten, die zweitbesten seien die aus Luofu 羅浮 und Tianzhu 天竺.[30] Der als heilig geltende Luofu liegt in der heutigen südchinesischen Provinz Guangdong, im Kreis Bolou. Das Gebirge erstreckt sich über 250 km und hat nach traditioneller Zählung 432 Gipfel, die schroff und rau in den Himmel ragen.[31] Häufig werden die ungewöhnlichen Steine des Luofu in Schriften von Gelehrten, die in Ungnade gefallen waren und im Exil, dem als unwirtlich und unzivilisiert geltenden Süden, leben mussten, erwähnt. Liu Dongdong erwähnt in ihrer Doktorarbeit eine Aufzeichnung des Li Deyu 李德裕 (787–850), eines berühmten Beamten der Tang-Zeit, der seine Amtsstellen meist im Süden inne hatte, in der er stolz seine Steinsammlung preist. Unter den Steinen findet auch einer vom Berg Luo Erwähnung, über den Li Deyu sogar ein Gedicht

27 In seinem Buch *The Vermilion Bird* behandelt Edward A. Schafer die tropischen Gebiete südlich des Yangtse und beschreibt, wie die heutigen Provinzen Hainan, Guangdong, Guangxi und die des modernen Vietnam zu Zeiten der Tang aussahen. Außerdem erläutert er, welche Produkte dort erzeugt wurden und sich beim Handel besonderer Beliebtheit erfreuten. Siehe Schafer 1967 (wie Anm. 23).

28 Vgl. Schafer 1967, (wie Anm. 23), S. 156

29 Ebd.

30 Hu, Kemin: *The Romance of Scholars' Stones: adventures in appreciation*, Warren, Connecticut 2011, S. 1. Es gibt sowohl einen Berg Tianzhu in der Provinz Shaanxi als auch in der Provinz Fujian in der Nähe der heutigen Stadt Xiamen. Vermutlich wurde der Stein am Berg Tianzhu in Fujian abgebaut, allerdings sind wenig Informationen über ihn erhalten. Interessant ist auch, dass Tianzhu der alte Name für den indischen Subkontinent war. Ob der Stein jedoch von dort kommt, ist nicht zu sagen.

31 Stumpfeldt, Hans: *Blicke auf Berge: Chinesische Berglandschaften in Holzschnitten aus dem 17. Jahrhundert*, Großheirath 2012, S. 155–158.

verfasst hat.[32] Jedes Jahr wurden diese ungewöhnlich geformten Kalksteine unter hohem Aufwand in die Hauptstadt transportiert.[33]

Nicht nur, dass die Steine von besonderer Form sind, auch bringen Legenden das Gebirge mit der Welt der Götter in Verbindung. *Luo* bedeutet Gaze, was für ein gitterartiges Gewebe aus Seide oder Baumwolle steht, *fu* 浮 schweben oder dahintreiben. *Luofu* wird somit als „dahintreibende Gaze"[34] übersetzt. Der Berg Fu sei einst ein Teil von Penglai gewesen, der bergigen Insel der Unsterblichen, bis er über das Meer hinwegschwebte und sich bei dem Berg Luo niederließ. Zusammen bildeten sie den Berg Luofu. Somit wird dem Gebirge eine direkte Verbindung zu den Unsterblichen und ihrem Reich nachgesagt, wo Paläste aus Gold und Jade stehen, ungewöhnliche Tiere leben und Bäume aus Jade und Perlen wachsen, die die Früchte der Unsterblichkeit hervorbringen.[35]

Diese Verbindung in das Reich der Götter manifestiert sich nicht nur im Gebirge selbst. Die „ungewöhnlichen Steine", die am Berg zu finden sind, besitzen eine eigene Kraft, die sie von den großen Bergmassiven erhalten haben. Berge galten als Knochen der Erde, als Verbindung zum Himmel und als Aufenthaltsort der Unsterblichen; damit sind auch die *guaishi* als Teil dieser Massive von besonderer Bedeutung. Die natürlichen Steine aus der Erde platzierten Sammler in ihrem Studierzimmer, wo sie häufig als Medium für eine imaginäre Reise in abgeschiedene Bergwelten oder in das Reich der Unsterblichen dienten. Diese „Reise der Seele"[36] hat bereits eine lange Tradition und begann schon in Zeiten vor der Han-Dynastie (vor 206 v. Chr.) in Form der sogenannten *youxian*-Dichtung (*youxianshi* 游仙詩). Übersetzt wird *youxian* häufig mit „wandeln wie ein Unsterblicher" oder „Wandeln im Reich der Unsterblichen".[37] In der Welt der Unsterblichen vergeht die Zeit langsamer, Tod und Verfall sind nicht vorhanden oder weit entfernt. In der Betrachtung eines *guaishi* konnten sich Berge und Inseln der Unsterblichen zeigen, wie sie in Gemälden und Beschreibungen geschildert wurden. Überhänge und Höhlen, die als ideale Formteile für ungewöhnliche Steine gelten, können als Übergang in die andere, mystische Welt gesehen werden. In vielen Überlieferungen gilt eine Höhle oder Grotte als Weg in das Reich der Unsterblichen. Eines der bekanntesten Prosastücke, in denen eine Höhle den Übergang in ein anderes Reich markiert, ist die *Aufzeichnung vom Pfirsichblütenquell* (*Taohuayuan ji* 桃花源記) von Tao Yuanming 陶淵明 (365–427). Ein Fischer entdeckte durch Zufall eine Öffnung in einem Berg, durch die er in ein Reich gelangte, das seit Jahrhunderten von der Außenwelt abge-

32 Liu, Dongdong: *Villen und Gärten in der Tang-Literatur*, Phil. Diss. Universität Hamburg, Hamburg 2011, S. 83–85.

33 Vgl. Schafer 1967 (wie Anm. 23), S. 141.

34 Stumpfeldt 2012 (wie Anm. 31), S. 155.

35 Stumpfeldt 2012 (wie Anm. 31), S. 156–157.

36 Brown, Claudia: Chinese Scholars' Rocks and the Land of Immortals: Some Insight from Painting, in: Mowry 1997 (wie Anm. 8), S. 57–85, 59.

37 Siehe Brown 1997 (wie Anm. 36), S. 59–64.

schnitten existierte.[38] Außerdem wurden Höhlen auch als Rückzugsort für Eremiten dargestellt, die ein einfaches, von der Welt abgeschiedenes Leben führten, fern von den anstrengenden Verpflichtungen am Hofe. In einem solchen Kontext wird die Höhle als Zeichen für Reinheit und Unerschütterlichkeit verstanden.[39]

Die ungewöhnlichen Steine sind somit Übergange in ein anderes Reich sowie Mittel der Meditation und des Verweilens. Nicht jeder Stein stellt einen Berg der Unsterblichen dar, es wurden auch andere Dinge darin gesehen, wie Tiere, Fabelwesen oder fantastische Berglandschaften ohne konkreten Bezug auf ein mythisches Gebirge, jedoch ist ihnen gemeinsam, dass sie als Rückzugsort genutzt wurden, als Möglichkeit der mentalen Reise in eine andere Welt.[40]

## *guaishi* als Mittel der Herrschaftslegitimation

Im Vergleich zu realen *guaishi* sind die Steine auf der Querrolle von Yan Liben geschwungener und ihre Formen fantastischer. In der Darstellung wurde ihre Besonderheit gesteigert und dadurch sichtbar gemacht. Während die physiognomischen Merkmale der Tributbringer ins Bizarre gesteigert wurden, erscheinen die Steine idealisiert. Die ungewöhnlichen Steine nehmen auch eine besondere Position innerhalb der Tributgaben ein. Sie werden an der Spitze des Zuges getragen, vor seltenem Elfenbein und kostbaren Tieren. Auch zwei der Steinträger heben die wichtige Rolle der *guaishi* hervor: Sie sind in lange Roben gekleidet und tragen Schuhe, außerdem läuft einer von ihnen unter einem Baldachin aus Blättern, der von einem Sklaven gehalten wird. Zwar ist zu bedenken, dass die Querrolle nur einen Teil des ursprünglich größeren Werkes zeigt, jedoch sind die höher gestellte Position des Trägers sowie der Rang der Steine vor den anderen wertvollen Tributgaben, wie den Elefantenstoßzähnen, Anhaltspunkt dafür, dass die ungewöhnlichen Steine eine wichtige Rolle innerhalb des Tributsystems einnahmen.

Nicht nur, dass die außergewöhnlichen Steine eine lange Reise von einem Land in das andere hinter sich hatten, sie reichten in ihrer Bedeutung bis in mythische Zeiten. Die *Tribute für Yu* galten als wichtiges Modell für die Regierungen der späteren Dynastien. Die dort aufgezeichnete Weltaufteilung wurden in der Tang-Dynastie übernommen. Traditionelle Schriften besaßen eine wichtige Rolle in der Staatsführung. Sie bildeten die Grundlage für Institutionen und Strategien und galten als Bezug und Rechtfertigung. Wie der mythische Herrscher Yu erhielt der Tang-Kaiser von seinen Vasallenstaaten kostbare Tribute, genauso wie ihm wurden dem Himmelssohn ungewöhnliche Steine dargebracht. Die Parallelen sollten zeigen, dass die Regierung des Kaisers in direkter Linie mit dem verehrten Altertum

38 Siehe Pohl, Karl-Heinz (Hg.): *Der Pfirsichblütenquell – gesammelte Gedichte*, Köln 1985, S. 202–209.
39 Brown 1997 (wie Anm. 36), S. 74.
40 Brown 1997 (wie Anm. 36), S. 75.

stand, welches als Vorbild in Hinblick auf Tugend und Gerechtigkeit galt. Herrscher versuchten an dieses Ideal heranzureichen, um ihre Herrschaft zu legitimieren. Denn je größer die Parallelen zu den Altvorderen, desto glorreicher schienen die Regierungsperiode und der Kaiser in Einklang mit der Kosmologie und der Weltordnung zu stehen. Somit wurde mit der Darstellung von Tributgaben, die auch der mythische Yu erhalten hatte, direkt auf die Vergangenheit Bezug genommen und eine Legitimation der eigenen Herrschaft hergestellt.

Genauso wie die *guaishi*, die als Verbindung in ein anderes Reich gesehen wurden, galt der Kaiser als Mittler zwischen Himmel und Erde. Als Himmelssohn konnte er Götter anrufen und eine Verbindung zwischen ihrer Welt und der Welt der Menschen herstellen. Die persönliche, mentale Reise in ein anderes Reich, zu der die *guaishi* anregten, mag auch der Kaiser genossen haben – viele Kaiser gelten als Sammler und Kenner von Kunst –, jedoch war dies in der offiziellen Repräsentation von untergeordneter Bedeutung. Die Tribute waren ein Zeichen der Macht der Herrschaft und zeigten die Größe des Reiches. Mit ihnen wurde das gesamte Reich in der Hauptstadt zusammengebracht.

Darüber hinaus konnten einige Tributgaben, darunter auch Steine, als glücksbringende Omina dienen. Steine von besonderer Form wurden als mythische Wesen oder Orte verstanden und dem Kaiser als solche dargebracht. Ein Beispiel dafür ist der *Glückbringende Drachen-Stein* (*xianglong shi* 祥龍石) des Kaisers Huizong aus der Song-Dynastie, dessen Abbild noch heute auf einer Querrolle im Nationalen Palastmuseum in Beijing zu sehen ist.[41] Der Stein soll einen Drachen zeigen, dessen Auftauchen von Glück und einer guten Regentschaft zeugt. In der Form eines Steines ist das Omen bewahrt und untermauert die Legitimation des Kaisers und seine vorbildhafte Regentschaft.[42]

Auch die Darstellung auf der Querrolle aus der Tang-Zeit soll Betrachtern vermitteln, dass der Regent mit den mythischen Herrschern in einer Linie steht. Völker aus aller Welt kommen an seinen Hof und erweisen ihm Ehrerbietungen. Die Größe der Querrolle – auch wenn sie nur noch teilweise erhalten ist – zeigt, dass es sich um ein monumentales Werk handelte. Dies lässt darauf schließen, dass es nur zu besonderen und offiziellen Anlässen zur Betrachtung hervorgeholt wurde.

Geht man von einer Entstehung um das Jahr 629 n. Chr. aus, wie in der Werkbeschreibung des Nationalen Palastmuseums Taipeh angenommen,[43] ist dies das dritte Jahr der Regentschaft des Kaisers Taizong. Dieser hatte, um auf den Thron

41 Die Bildrolle mit dem Titel *Bildrolle des Glückbringenden Drachen-Steins* (*Xianglong shi tu juan* 祥龍石圖卷) entstand während der Song-Dynastie und wird dem Kaiser selbst zugeschrieben. Es handelt sich um eine Bildrolle mit den Maßen 53,9 × 127 cm in Tusche und Farbe auf Seide.

42 Bickford, Maggie: Emperor Huizong and the Aesthetic of Agency, in: *Archives of Asian Art*, Vol. 53 (2002/2003), S. 71–104, 84–85.

43 Nationales Palastmuseum Taipeh: *Tang Yan Liben zhigong tu juan* [online] (wie Anm. 6).

zu gelangen, seine beiden Brüder umbringen lassen und seinen Vater gezwungen, ihn zum Kronprinzen zu ernennen.[44] Zeichen seiner rechtmäßigen und wohlstandbringenden Herrschaft sind wichtige Mittel des Machterhalts. Die Querrolle *Tribut-Gesandtschaft* mit der Darstellung von Steinen als Tributgabe zeigt, dass *guaishi* mehr sind als nur einfache Steine. Diese ungewöhnlichen Steine reisen durch das Land und reichen in ihrer Bedeutung zum einen in die verehrte Vergangenheit, zum anderen sogar ins Reich der Unsterblichen. Sie gelangen in die Hauptstadt, zeigen dort die Pracht eines Kaiserreichs und legitimieren die Herrschaft des Himmelssohns.

44 Vogelsang 2012 (wie Anm. 16), S. 247ff.

Uta Lauer

# GEMALTE STEINE IN DER CHINESISCHEN KUNST

Im Jahre 1610 vollendeten der Maler Wu Bin 吴彬 (ca. 1543–ca. 1626) und der Kalligraph Mi Wanzhong 米萬鍾 (1570–1628) die von ihnen gemeinschaftlich geschaffene Querrolle mit *Zehn Ansichten eines Steins*[1]. Die Bilder sind in einem extrem detailreichen, aufwändigen und arbeitsintensiven Stil ausgeführt. Jedes Bild zeigt einen Lingbi-Stein[2] von einer anderen Seite, einschließlich einer Ansicht von der Unterseite. In der Tat handelt es sich hier um das Portrait eines bestimmten Steines, nämlich um das Lieblingsstück in Mi Wanzhongs Sammlung seltsam geformter Steine. Nie zuvor ist ein Stein auf diese umfassende und vollständige Weise dargestellt worden, ein Umstand, der dieses Bild einmalig und faszinierend macht. Die Idee, zehn Ansichten dieses Objekts zu zeigen, lässt sich möglicherweise von den Konventionen der Portraitmalerei herleiten, nach denen zehn spezifische Ansichten plus Rückenansicht bekannt waren. Auf der Rolle finden sich nicht weniger als zehn Kolophone von berühmten Kunstsammlern, Malern, Kalligraphen, Kunstkritikern und Staatsbeamten wie Dong Qichang (1555–1636), Chen Jiru (1558–1639), Li Weizhen (1547–1626), Ye Xianggao (1559–1627), Zou Diguang (Reichsexamen 1574), Gao Chu (Reichsexamen 1598), Huang Ruheng (1558–1626), Zhang Shiyi (1575–1633), Saying'a (Reichsexamen 1808) und Qiying (1790–1858). Vorhandensein und Inhalt der Kolophone machen deutlich, dass beide, der eigentliche Stein,[3] sowie sein gemaltes Abbild als sammlungswürdige, hochgeschätzte Kunst angesehen wurden.

1 *Zehn Ansichten eines Steins.* Querrolle, Tusche auf Papier, 55,5 × 945,8 cm, Privatsammlung. Veröffentlicht in: Hu, Philip K.: Portrait eines Steins – Worte und Bilder auf einer Querrolle von Wu Bin und Mi Wanzhong, in: Museum Rietberg Zürich (Hg.), *Wege ins Paradies oder die Liebe zum Stein in China*. Zürich, 1998, S. 65–81.

2 Lingbi-Stein ist ein Kalkstein aus dem Distrikt Lingbi in der Provinz Anhui.

3 Maße: 62,4 cm hoch, 68,16 cm breit und 37,44 cm tief. Mi Wanzhong macht die Originalangaben in der Maßeinheit cun (Zoll) in seiner Aufschrift auf dem Bild.

Als Johan Neuhof (1618–1672)[4], ein Reisender aus Europa, zum ersten Mal auf dem Weg von Kanton nach Peking[5] solch seltsam geformte Steine und Steinansammlungen zu Gesicht bekam, empfand er die Liebe der Chinesen zum Stein als etwas Verwunderliches und Bemerkenswertes. Neuhof verlieh seiner Faszination für diese exotische Kunstform in seinem schön bebilderten Reisebericht[6] Ausdruck, einem Buch, welches enormen Einfluss auf europäische Vorstellungen von China hatte. Es sollte noch bis ins zwanzigste Jahrhundert hinein dauern, bis Menschen außerhalb Chinas durch das Sammeln von Steinen, durch Ausstellungen[7] und wissenschaftliche Untersuchungen einen tieferen Einblick in die Komplexität des Themas Stein gewinnen konnten.

Dieser Beitrag ist in drei Abschnitte unterteilt: 1. Steine in religiösem und philosophischem Denken; 2. Steine in der Literatenmalerei von der Song bis zur Qing Dynastie; 3. Steine in der chinesischen Gegenwartskunst – Das Werk von Liu Dan.

## Steine in religiösem und philosophischem Denken

„... Steine sind die Knochen der Erde“[8] spiegelt eine Auffassung wider, die sich bereits in Traktaten[9] über die Natur der Dinge in der Westlichen Jin-Dynastie (256–313) findet. Steine verstand man als ein Konzentrat der Naturkräfte. Im religiösen Daoismus führte die Suche nach Langlebigkeit und schlussendlich Unsterblichkeit zu alchemistischen Praktiken wie dem Pulverisieren von Steinen, um das Elixier der Unsterblichkeit zu erhalten, und zu Meditationstechniken, welche Rituale in entlegenen Berghöhlen einschlossen, durch die man eine direkte Verbindung zur Essenz der Naturkräfte zu erlangen hoffte. Besonders interessant ist hierbei der Glaube der Daoisten an die Existenz der Inseln der Unsterblichen im Meer vor der Ostküste. Drei Inseln, nämlich Penglai, Fanghu und Yingzhou sind anschaulich in

4 Geboren in Uelzen, Westphalen, verschwunden auf Madagaskar.

5 Neuhof gelangte 1655 an Bord eines Schiffes der Niederländischen Ostindien-Kompanie nach Kanton. Er und seine Delegation brauchten zwei Jahre für den Weg in die Hauptstadt Peking und zurück.

6 *Beschryving van't Gesandschap der Nederlandische Oost-Indische Compagnie aen den Grooten Tartarischen Chan nu Keyser von China*. Zuerst 1665 in Amsterdam auf Holländisch veröffentlicht, dann ins Französische und weitere Sprachen übersetzt.

7 Einige wichtige Ausstellungen sind: Hay, John: *Kernels of Energy, Bones of Earth: The Rock in Chinese Art*, Katalog, New York, China House Gallery, China Institute in America 1985; Mowry, Robert D.: *Worlds within Worlds: The Richard Rosenblum Collection of Chinese Scholar's Rocks*, Harvard University Art Museum 1997; die in Fußnote 1 genannte Ausstellung im Rietberg Museum Zürich 1998; Little, Stephen: *Spirit Stones of China – The Ian and Susan Wilson Collection of Chinese Stones, Paintings and related Scholars' Objects*, Katalog, The Art Institute of Chicago 1999; Musée des arts asiatiques Guimet: *Rochers de lettrés itinéraires de l'art en Chine*, Paris 2012.

8 地以。。。石為之骨.

9 Zwei wichtige Texte sind: *Yang Quan* 楊泉 (fl. 280–290): *Wuli lun* 物理論 (On the Principles of Things) und *Zhang* Huan 張华 (232–300): *Bowu zhi* 博物志 (Notes on a broad Array of Things). Eine kritische, annotierte Übersetzung des *Bowu zhi* ist: Greatrex, Roger: *The Bowu zhi: An annotated Translation*, Stockholm 1987 (Föreningen för Orientaliska Studier 20).

dem daoistischen Buch *Liezi* 列子 beschrieben. Malereien und Objekte, die man in Gräbern der Han-Dynastie gefunden hat, spiegeln die Sehnsucht der Verstorbenen nach einem ewigen Leben unter den Unsterblichen auf diesen paradiesischen Inseln wider. Formen und Dekore vieler bergförmiger Duftrauchbrenner (博山香爐 *boshan xianglu*)[10] lassen auf eine enge Verbindung zu den Inseln der Unsterblichen schließen. Charakteristisch für diesen Gefäßtyp ist ein schlanker Fuß, welcher den unteren Teil des halbkugelförmigen Duftrauchbrenners trägt, in dem sich das Räucherwerk befindet. Der obere Teil, der Deckel, erhebt sich in Form eines Berges aus dem Meer. Dieser Berg wird in der daoistischen Vorstellung von realen Gestalten und von Fabelwesen bevölkert. Wenn das Räucherwerk entzündet ist, entweicht der Rauch durch kleine Löcher im Deckel, wodurch der Eindruck von aus den Bergen aufsteigenden Wolken entsteht. Im Laufe der Zeit löste sich die Darstellung der Inseln der Glückseligen aus dem Grabzusammenhang, wo sie auf Lacksärgen oder auf Bannern, welche den Sarg bedeckten, zu finden waren. Stattdessen wurden reale Steine in kaiserlichen Gartenanlagen zu Abbildern dieser Inseln. Kaiser Wu (r. 140–87 v. Chr.) der Westlichen Han-Dynastie schuf einen solchen Paradiesgarten[11] mit einem künstlichen See, welcher das Ostmeer darstellte und veranlasste vier Steinsetzungen, welche eben die Inseln der Unsterblichen symbolisierten. Allmählich traten diese stark religiös geprägten Vorstellungen in den Hintergrund, und Steinsetzungen in Gartenteichen wurden zu einem allgemeinen ästhetischen Element, wie man es in Landschaftsgärten in ganz Asien antreffen kann. Ein besonders schönes Beispiel eines solchen Gartens in Deutschland ist der von dem Bildhauer Nagare Masayuki 流 政之 (1923–) entworfene Garten des Ostasiatischen Museums in Köln.

In der späteren chinesischen Malerei ist ein auffallender Bedeutungswechsel des Motivs der Insel der Unsterblichen zu beobachten. Mit ihren luxuriösen Palästen, Pfirsichbäumen, welche die Frucht der Unsterblichkeit tragen, und der Präsenz von Kranichen[12] brachten solche Bilder das Streben ihrer Besitzer nach Aufstieg in der Gesellschaft zum Ausdruck, den Wunsch, ein paradiesisches Leben in Frieden und Luxus zu führen. Besonders in politisch unruhigen Zeiten reiste der Betrachter solcher Bilder im Geiste in die Gefilde der Glückseligen, um wenigstens für die Dauer der meditativen Versenkung seine gegenwärtigen Schwierigkeiten vergessen zu können.

Im Nationalen Palastmuseum in Taipeh gibt es ein Gemälde von Wen Boren 文伯仁 (1502–1575), dem Neffen des berühmten Malers und Kalligraphen Wen

10 Schäffler-Gerken, Susanne: *Der chinesische Räuchergefäßtyp boshanlu: Typologie, Ikonographie und Symbolik in der Han-Zeit (206 vor Chr. bis 220 nach Chr.)*, Hamburg 2003 (Hamburger Sinologische Schriften 9).

11 Ledderose, Lothar: Earthly Paradise: Religious Elements in Chinese Landscape Art, in: Bush, Susan; Murck, Christian (Hg.), *Theories of the Arts in China*. Princeton 1983.

12 Kraniche sind sowohl das Emblem des Gelehrten als auch Reittier der Unsterblichen.

Zhengming, mit dem Titel 方壺圖 *Fanghu tu*[13], welcher sich auf eine der Inseln der Unsterblichen bezieht. Das Bild ist in kräftigen Farben gemalt, ganz in der Tradition der Blau-Grün-Manier der Landschaftsmalerei. Rund um die Insel ragen Felsbrocken aus dem Meer, die den Versuch, die Insel mit dem Boot erreichen zu wollen, zu einem gefährlichen Unterfangen machen. Keine Brücke verbindet die Insel mit dem Festland. Der einzige Weg, die Insel zu erreichen, ist eine mentale Reise, im übertragenen Sinne, dorthin zu fliegen, genauso wie die Unsterblichen frei durch das Universum fliegen. Eine weitere Dimension eröffnet ein ästhetischer Blick auf das Bild. Man bewundert Wen Borens große künstlerische Fähigkeit, sein Werk nach dem Vorbild früherer Meister des Blau-Grün-Stils, wie zum Beispiel Zhao Mengfu 趙孟頫 (1254–1322), zu gestalten. Zhang Chou (1577–1643), ein Kommentator aus der späten Ming-Dynastie, schrieb über dieses Bild:

> Die Betonung der Farbigkeit folgt ganz Zhao Qianli [Zhao Boju], [so ist dieses Bild] sehr fein und zugleich klassisch und elegant, besonders in Bezug auf die Komposition. Kein Zweifel, dies ist ein göttliches Werk.[14]

Hier wird mit keinem Wort mehr Bezug auf das Sujet des Gemäldes genommen. Der Diskurs ist nun ein intellektueller, ein kennerschaftlicher, der die Vertrautheit des Autors mit der Geschichte der Malerei belegt.

Während der späten Ming- und der Qing-Dynastie wurden Bilder von Paradiesszenen konventionell. Vorherrschend war die Verwendung des Blau-Grün-Stils, welcher die mythischen und unzugänglichen Aspekte dieses Typs von Landschaft besonders hervorhob. Nun schufen nicht mehr nur Literaten-Künstler, sondern auch Berufsmaler solche Bilder nach Aufträgen in ihren Werkstätten. Zu ihren Auftraggebern zählten reiche Händler, die solche Bilder in den Empfangsräumen ihrer Residenzen zur Schau stellten, um damit ihrem Streben nach einem Leben in Überfluss und Luxus Ausdruck zu verleihen. Im Museum für Ostasiatische Kunst in Berlin befindet sich ein Bild genau dieses Typs von Yuan Jiang 袁江 (aktiv 1680–1726), *Palast in den Bergen*[15]. Die Hängerolle ist sehr groß und in Farbe auf Seide ausgeführt. Yuan Jiangs monumentale Gemälde waren unter Händlern seiner wohlhabenden Heimatstadt Yangzhou sehr beliebt. Gerne schmückten die Reichen die Wände ihrer Villen mit solch teuren und großformatigen Bildern.

13 Hängerolle, Tusche und Farbe auf Papier, 120,6 × 31,8 cm, Nationales Palastmuseum, Taipeh.

14 Zhang Chou 張丑: *Qinghe shuhua fang* 清河書畫舫. In: *Siku quanshu* 四庫全書, 12.37A: 重著色全學趙千里, 精細之極, 亦復古雅, 尤是布景卓絶, 足稱無上神品。.

15 Yuan Jiang: *Palast in den Bergen*, Hängerolle, Tusche und Farbe auf Seide, 235 × 110,5 cm, Staatliche Museen zu Berlin – Museum für Ostasiatische Kunst. Veröffentlicht in: *Wege ins Paradies oder die Liebe zum Stein in China* (wie Anm. 1), Kat. Nr. 14, S. 48.

## Steine in der Literatenmalerei von der Song- bis zur Qing-Dynastie

Erst in der Song-Dynastie ist eine ernsthafte Auseinandersetzung mit dem Thema Stein zu beobachten, Traktate über Steine erschienen, besonders geformte Steine wurden gesammelt und Bilder von Steinen gemalt. Der Umgang mit dem Stein wurde zu einer des Literaten-Künstlers würdigen Beschäftigung.

Du Wan 杜綰 (frühes 12. Jahrhundert), ein sehr eifriger Sammler von Steinen in Hangzhou, verfasste das erste Buch, in dem es ausschließlich um das Thema Stein geht, den *Steinkatalog des Wolkenwaldes*[16] 雲林石譜. Dieser Katalog mit einem Vorwort, datiert 1133, zirkulierte zunächst nur in Manuskriptform in Literatenkreisen und wurde erst in der späten Ming-Dynastie gedruckt, wodurch das Werk größere Verbreitung fand. Du Wan beschreibt sehr detailreich einhundertsechszehn verschiedene Typen von Steinen. Er nennt ihre Bezeichnungen, ihren Herkunftsort, erklärt ihre Eigenschaften, ihre physischen Qualitäten und ihre ästhetischen Merkmale. Dieses Buch ist weniger ein naturwissenschaftliches Werk als vielmehr eines über die ästhetischen Aspekte von Steinen als Sammelobjekt, würdig eines Platzes auf dem Schreibtisch eines Gelehrten. Du Wan etablierte ein klares, wenn auch gelegentlich poetisches Vokabular und eine Terminologie, die noch heute in Gebrauch ist.

Nur am Rande soll erwähnt werden, dass der Song-Kaiser Huizong (reg. 1100–1126) nicht nur petrophil war, sondern ein wahrer Petromane. Es heißt, er habe solch enorme Summen für seltene Steine ausgegeben, dass er darüber den Sold für seine Armee vernachlässigte, ein fataler Fehler, der ihn schlussendlich sein Reich kostete. Bekannt ist auch eine Anekdote über Mi Fu (1051–1107), den Kalligraphen, Maler, Dichter und Sammler von Steinen: Eines Tages kam er an einem wunderschönen, seltsam geformten Stein vorbei. Er war so beeindruckt von diesem Stein, dass er sich seine Amtsrobe, Beamtenkappe und Insignien bringen ließ, um so, korrekt gewandet, sich vor dem Stein zu verneigen, und diesen als „älterer Bruder Stein (*shi xiong* 石兄)" grüßte. Diese Geschichte wurde bald zu einem bildwürdigen Thema (vgl. Cover und Abb. 6, S. 24). Wenn in der späteren Malerei ein Mann dargestellt wird, der sich vor einem Stein verneigt, so ist dies nicht unbedingt Mi Fu, sondern jemand, der sich mit dem gefeierten Song-Künstler in Bezug setzen möchte.

Der Dichter, Kalligraph und Maler Su Shi (auch bekannt unter seinem Beinamen: Dongpo, 1037–1101) besaß einen Stein, den er „Höhlen-Himmel-Stein (*Dongtian shi* 洞天石)" nannte und den er als Duftrauchbrenner auf seinem Schreibtisch benutzte. Nur der Name deutet auf eine daoistische Sphäre hin. Die Tatsache,

16 Ins Englische übersetzt: Schafer, Edward H.: *Tu Wan's Stone Catalogue of Cloudy Forest: A Commentary and Synopsis*, Berkeley, Los Angeles 1961.

dass Su Dongpo diesem Gelehrtenstein einen Namen gab, wie man einem Bild einen Titel gibt, und ihn als Objekt in seinem Studio benutzte, erhebt den Stein auf eine Ebene, auf der eine künstlerische Auseinandersetzung mit demselben möglich wird. Su Dongpo malte auch Steine. Ein erhaltenes Bild, Sammlung unbekannt, heißt *Verwitterter Baum und seltsamer Stein* (*Kumu guaishi tu* 枯木怪石圖)[17]. Das Bild stellt einen in kalligraphischer Manier gemalten Stein dar, einen kahlen Baum ohne Blattwerk und einige kleine Bambuspflänzchen vor leerem Hintergrund und ist mit Tusche auf Papier gemalt, dem bevorzugten Medium der Literaten-Künstler. Der Titel des Bildes enthält die Bezeichnung „seltsamer Stein 怪石 *guaishi*" (vgl. den Beitrag von R. Siemß). Weitere Bezeichnungen, welche für diesen besonderen Typ des Gelehrtensteines gebräuchlich sind, lauten: „seltsamer/ungewöhnlicher Stein (*qishi* 奇石)" und „eleganter Stein des Gelehrtenstudios (*wenfang yashi* 文房雅石)".

In der Yuan-Zeit wies der Literaten-Maler, Kalligraph und bedeutende Staatsmann Zhao Mengfu auf die enge Verbindung zwischen dem Malen von Steinen und der Schriftkunst hin. Auf ein in Tusche ausgeführtes Bild[18] (Abb. 1) eines Steins, auf dem noch einige wenige kleine Bäume und etwas Bambus zu sehen sind, schrieb Zhao folgenden Kolophon:

> Mach Steine in fliegendem Weiß, Bäume in alter Siegelschrift und gib Bambus wieder in Kanzleischrift: nur wer dies wirklich versteht, wird zu der Erkenntnis gelangen, dass Kalligraphie und Malerei im Grunde dasselbe sind.

Der Fels in Zhao Mengfus Bild ist wahrhaftig mit äußerst kalligraphischer Pinselführung widergegeben, mit einer beeindruckenden Vielfalt von Drehungen und Wendungen der Pinselspitze, kräftigen und leichten Pinselstrichen und einer ständig wechselnden Schreibgeschwindigkeit. Folgt der Betrachter mit den Augen der Umrisslinie dieses fast abstrakt gemalten Felsens, so kann er den performativen Akt des Künstlers, als jener das Bild „geschrieben" hat, nacherleben und damit sowohl einen direkten, persönlichen Bezug zu dem Felsen als auch zu dessen Erschaffer herstellen. Die Pinselstriche sind im ganz wörtlichen Sinne lebendig, übertragen sie doch jede einzelne Bewegung des Pinsels, so wie sie vor mehr als siebenhundert Jahren gemacht worden sind, als wären sie gerade eben erst auf das Papier geworfen worden. Was hier wichtig ist, ist nicht so sehr das Motiv, der Stein, sondern die Art und Weise, in der er gemalt/geschrieben wurde. Vergleichbar ist dies der Kalligraphie, in der der Inhalt des Textes in der Wichtigkeit sekundär zur Pinselführung (*bifa* 筆法, wörtlich: Pinselmethode) ist. In klassischen Traktaten wurden Steine als die Knochen der Erde bezeichnet, als Teil eines lebendigen Ganzen. Auch Abhand-

17 Abbildung in: *Zhongguo meishu quanji, liang Song huihua, shang* 中国美術全集, 两宋会画, 上, Beijing, 1988, Bd. 4, Kat. Nr. 25, S. 51.

18 *Elegant Rocks and Sparse Trees* 秀石疏林圖, Querrolle, Tusche auf Papier, 27,5 × 62,8 cm, Palast Museum Peking.

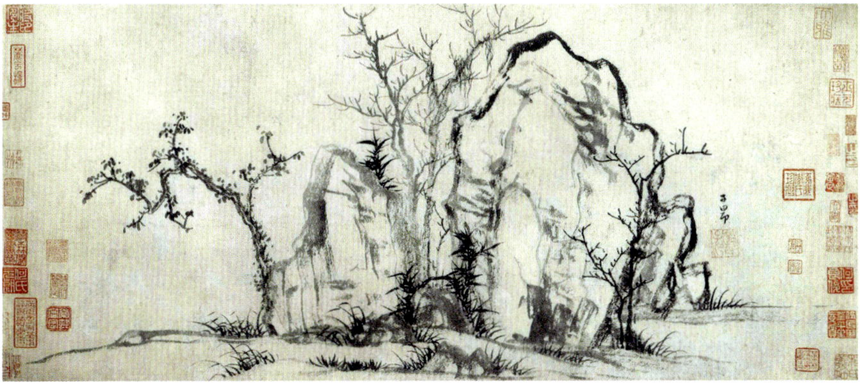

1 | Zhao Mengfu: *Elegante Felsen und schlanke Bäume*, Querrolle, Tusche auf Papier, 27,5 × 62,8 cm, Palast Museum Peking.

lungen über Kalligraphie verwenden Begriffe aus der menschlichen Physiologie wie Knochen, Muskeln, Sehnen und Blut.[19]

Durch die gesamte Geschichte der Literatenmalerei hindurch waren sich die Künstler der engen Verbindung von Malerei und Kalligraphie sehr wohl bewusst. Steine als Motiv in der Malerei wurden weniger wegen ihrer ikonografischen Bedeutung gewählt als vielmehr, weil sie unbegrenzte Möglichkeiten boten, kalligraphische Meisterschaft in der Pinselführung zum Ausdruck zu bringen. Während der sogenannten Kulturrevolution (1966–1976) wurde traditionelle Tuschmalerei als elitär und dekadent gebrandmarkt. Künstler wurden gefoltert, sogar ermordet. Einer der vielen, die unter der ideologischen Unterdrückung zu leiden hatten und der schließlich an den Folgen der Folter starb, war der Maler, Kalligraph und Siegelschneider Pan Tianshou 潘天寿 (1897–1971). Das Museum für Ostasiatische Kunst in Berlin besitzt von ihm ein sehr bewegendes Bild von einem Stein und einer Narzisse,[20] das mit einer langen Aufschrift versehen ist. Hier ist der Stein einer Narzisse, Emblem von Neujahr, Unsterblichkeit und Glücksbote, gegenübergestellt. Die Form des Steines sieht aus wie das Spiegelbild der Daoistischen Karte von der Inneren Alchemie des Menschen (*Nei jing tu* 內經圖)[21]. Der Stein kann als eine Personifizierung Pan Tianshous verstanden werden, der mit Hoffnung darauf

19 Hay, John: The Human Body as a Microcosmic Source of Macrocosmic Values in Calligraphy, in: Bush, Susan; Murck, Christian (Hg.), *Theories of the Arts in China*, Princeton 1983, S. 74–102.
20 Pan Tianshou: *Stein und Narzisse*. Hängerolle, Tusche auf Papier, 63,5 × 34,1 cm, datiert 1961, Staatliche Museen zu Berlin – Museum für Ostasiatische Kunst. Veröffentlicht in: *Wege ins Paradies oder die Liebe zum Stein in China* (wie Anm. 1), Kat. Nr. 60, S. 154/155.
21 Wang, David Teh-Yu: "Nei Jing Tu", a Daoist Diagram of the Internal Circulation of Man, in: *The Journal of the Walters Art Gallery*, Bd. 49/50 (1991/1992), S. 141–158.

blickt, was das neue Jahr wohl Gutes bringen mag, eine Hoffnung, die bitter enttäuscht wurde.

## Steine in der chinesischen Gegenwartskunst – Das Werk von Liu Dan 刘丹 (geb. 1953)

Einer der herausragenden, häufig Steine malenden Künstler ist der in Peking lebende Maler Liu Dan. Für ihn sind Steine die Stammzellen der chinesischen Landschaftsmalerei, enthalten sie doch die Myriaden von Formen der Natur und haben das Potential zur Verwandlung. Was er in seinen Bildern von Steinen erreichen möchte, ist eine vollständig ausgebildete, mentale und spirituelle Landschaft, welche die Beschränkungen der physischen Welt transzendiert.

Bevor Liu Dan mit dem eigentlichen Malen eines bestimmten Steines beginnt, recherchiert er zuerst gründlich dessen Geschichte. Im nächsten Schritt produziert er eine kleine, vorbereitende Skizze mit Bleistift auf Papier. Liu arbeitet gerne während der relativen Stille der Nacht, damit er sich besser konzentrieren kann. Mit einem Raster wird die Vorzeichnung dann auf das Papier übertragen. Erst dann beginnt Liu Dan mit Tusche und Pinsel zu malen, frei seinen Geist und seine Hand ganz auf die Quintessenz des reinen Schaffensprozesses konzentrierend. Britta Erickson beschrieb Liu Dans Werk folgendermaßen:

> … Liu's reserved brushwork and the subtle and unexpected lack of definition in his forms allows the viewer to wander endlessly through his paintings, joining in his meditative search for the self.[22]

Liu Dans neueste Arbeit besteht aus einer Gruppe von zehn großformatigen Bildern, die derzeit beim Londoner Kunsthändler Eskenazi zu sehen sind. Der Künstler benötigte vier Jahre für ihre Vollendung. Sechs der Bilder stellen Steine dar. Der Titel der Ausstellung, "Transfigured Echoes: Recent Paintings by Liu Dan", formuliert sehr treffend die Arbeitsweise des Künstlers, nämlich sein mentales Mitschwingen mit einem Objekt, sei es ein Stein, eine Zeichnung, eine Blume oder ein Buch in visualisierter Form, in einem sehr fein ausgearbeiteten gemalten Bild sichtbar zu machen. Eines der Bilder in der Londoner Ausstellung trägt den Titel: *Taihu-Stein im Shaoyuangarten*[23] (Abb. 2). Der Stein, welcher hier gemalt ist, steht vor dem Gebäude des Sackler-Museums auf dem Gelände der Peking-Universität. Während der Ming-Dynastie war dies genau der Ort, an dem der Kalligraph und Stein-Liebhaber Mi Wanzhong seinen berühmten Schöpfkellen-Garten hatte anlegen lassen (*Shaoyuan* 勺園)[24]. Der Garten existiert nicht mehr, ist aber

22 Erickson, Britta: Liu Dan: To Paint the Unmeasurable, in: *Orientations*, March 2012, S. 141.
23 勺園太湖石, Tusche auf Papier, 309 × 199 cm, 2015.
24 Schwarcz, Vera: *Place and Memory in the Singing Crane Garden*, Philadelphia 2008, S. 46.

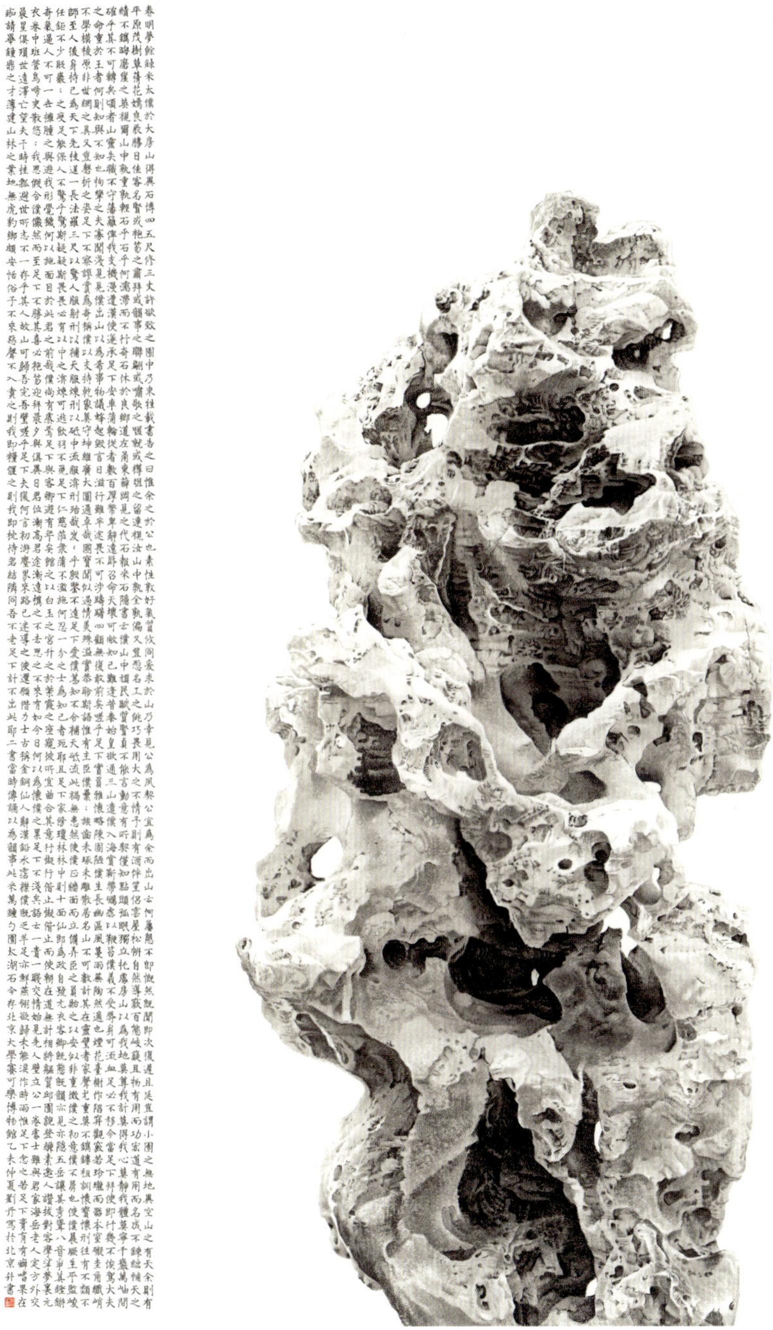

**2** | Liu Dan: *Taihu-Stein im Shaoyuangarten*, Tusche auf Papier, 309 × 199 cm, 2015, Privatbesitz.

vielfach in Texten[25] beschrieben worden, und es gibt ein Gemälde des Gartens in der Sammlung der Peking-Universität. Der Taihu-Stein befand sich an einer besonders schönen Stelle im Shaoyuan-Garten, neben ihm wuchs ein Wachholderbaum, und der Stein konnte von einem eigens dafür errichteten Pavillon, dem „Stein-betrachten-Pavillon", bewundert werden. Unter Schutt begraben überlebte der Stein wie durch ein Wunder die Zerstörungen der Kulturrevolution und steht heute auffällig und markant platziert am Eingang des Sackler-Museums. Wissenschaftliche Untersuchungen haben ergeben, dass dieser Stein in der Tat der Taihu-Stein aus Mi Wanzhongs Garten ist. In sehr eleganter kleiner Regelschrift fügte Liu Dan seinem Bild eine zwölf-zeilige Inschrift hinzu, in der er einige der älteren Texte über Mi Wanzhongs Stein zitiert. Indem er auf jeden Aspekt dieses Taihu-Steines „antwortet", durch seine geistige Durchdringung, seine wissenschaftliche Herangehensweise, seine Malerei und seine Kalligraphie, verleiht Liu Dan diesem Stein wirklich neues Leben, welches seine bloße physische Präsenz transzendiert.

Der Stein Mi Wanzhongs mag seinen vorläufig letzten Bestimmungsort erreicht haben. Sein Abbild aber, in Tusche auf Papier gebracht, leicht und transportabel, kann sich auf Reisen begeben und überall auf der Welt gezeigt werden.

25 Hu, Philip K.: The Shao Garden of Mi Wanzhong (1570–1628): revisiting a late Ming landscape through visual and literary sources, in: *Studies in the History of Garden & Designed Landscapes: An International Quarterly*, Bd. 19, 3–4, 1999, S. 314–342.

Monika Wagner

# ROTER GRANIT IN CHINA

## Materialikonografische Überlegungen zur symbolischen Versöhnung von Politik und Kommerz[1]

Granit gehört im urbanen Kontext heute zu den populärsten Materialien der Bekleidung architektonischer Oberflächen. Das plutonische Gestein ist dichter und härter als Travertin oder Marmor, es verwittert im Unterschied zu Sandstein kaum und splittert im Gegensatz zu Schiefer nicht. Der robuste Stein, der sich rau ebenso wie poliert verwenden lässt, hat den öffentlichen Raum der postindustriellen Städte erobert. In Form dünner Paneele dient Granit der Nobilitierung von Geschäfts- und Bürohäusern,[2] von öffentlichen Bauten wie Bahnhöfen oder Flughäfen und findet sich ebenso als Bodenbelag urbaner Fußgängerzonen. Das gilt in besonderem Maße für die dynamisch wachsenden Städte des „neuen China", die im Glanz polierten Granits erstrahlen, obwohl die chinesische Bautradition auf Holz basiert.[3] China zählt inzwischen zu den weltweit bedeutendsten Exporteuren zugeschnittener, fertig bearbeiteter Granitfurniere. Zwar finden sich auf allen Kontinenten Granitvorkommen, doch ist es für manche Teile der globalisierten Welt derzeit preiswerter, den Stein über Tausende von Kilometern zu transportieren als ihn vor Ort abzubauen und zu bearbeiten.

Chinesische Granite weisen eine reiche Farbpalette auf. Roter Granit kommt jedoch in China ebenso wie in anderen Teilen der Welt seltener vor als hell- oder dunkelgrauer. Bis in die 1960er Jahre wurde in China offenbar so gut wie kein roter Granit abgebaut. Umso auffälliger ist es, dass in den Jahren 1998 und 1999 in einer Reihe großer chinesischer Städte zentrale Plätze und Geschäftsstraßen wie etwa

1 Michael Friedrich, Ni Shaofeng und Regina Siemß von der Universität Hamburg gebührt herzlicher Dank für Hinweise und Übersetzungen aus dem Chinesischen.

2 Fuhrmeister, Christian: „Ewige Materie" in dünnen Platten. Naturstein in der zeitgenössischen Architektur, in: Wagner, Monika; Rübel, Dietmar (Hg.), *Material in Kunst und Alltag*, Berlin 2002 (Hamburger Forschungen zur Kunstgeschichte 1), S. 85–100.

3 Es wurde vornehmlich mit Holz und Lehm gebaut. Shanghai mit seinen kolonialen Enklaven am Bund und der französischen Konzession war seit der zweiten Hälfte des 19. Jahrhunderts ein Einfallstor für westliche Steinarchitektur. Heute bestimmen hell- und dunkelgraue, polierte Granitoberflächen die Bürohochhäuser von Pudong, die neuen Bahnhöfe, U-Bahnstationen und Flughäfen.

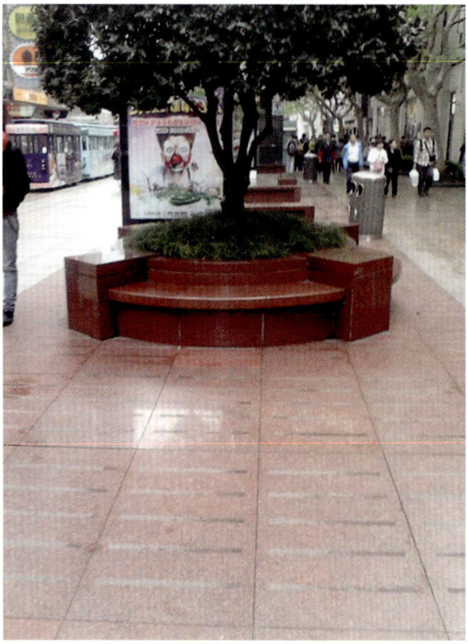

1 | Nanjing Lu, Shanghai, nach 1999.

die Nanjing Lu in Shanghai, die weltweit als eine der attraktivsten Einkaufsstraßen gepriesen wird, mit dunkelrotem Granit ausgestattet wurden (Abb. 1). Im Fall der Nanjing Lu erfolgte dies im Zuge des Umbaus in eine Fußgängerzone auf einer Länge von mehr als einem Kilometer. Der durchgängig rote Granitbelag reicht bis zu den Ladeneingängen und Fensterfronten der Kaufhäuser. Auch die Straßenmöblierung, die Sitzbänke und Einfassungen für Bäume und Buschwerk sowie großformatige Schrifttàfeln, die Anfang und Ende der Fußgängerzone markieren, wurden aus rotem Granit gefertigt. In großen Partien sind die Platten des Straßenbelags glänzend poliert, wodurch die rote Farbe gegenüber den unpolierten, matten Oberflächen intensiviert wird. Jede Nacht schrubben zudem Reinigungstrupps in Handarbeit mit Wasser und großen Besen den gesamten Granitbelag der Straße (Abb. 2), so dass die Intensität der Farbe nicht von Staubablagerungen getrübt wird.

Eine rote Granitstraße wäre auch in Gegenden, in denen Stein das tradierte Baumaterial ist, höchst ungewöhnlich. Denn die farbliche Nähe und vergleichbare Dichte von rotem Granit und Porphyr, der in der europäischen Materialhierarchie der Gesteine an oberster Stelle stand und als herrschaftlicher Stein galt,[4] hatte zur Folge, dass im europäischen Kulturraum roter Granit nur für besondere Zwecke eingesetzt wurde. Dazu gehörte neben dem sakralen Kontext insbeson-

4 Butters, Suzanne B.: *The Triumph of Vulcan. Sculptors' Tools, Porphyry, and the Prince in Ducal Florence*, 2 Bde., Florenz 1996.

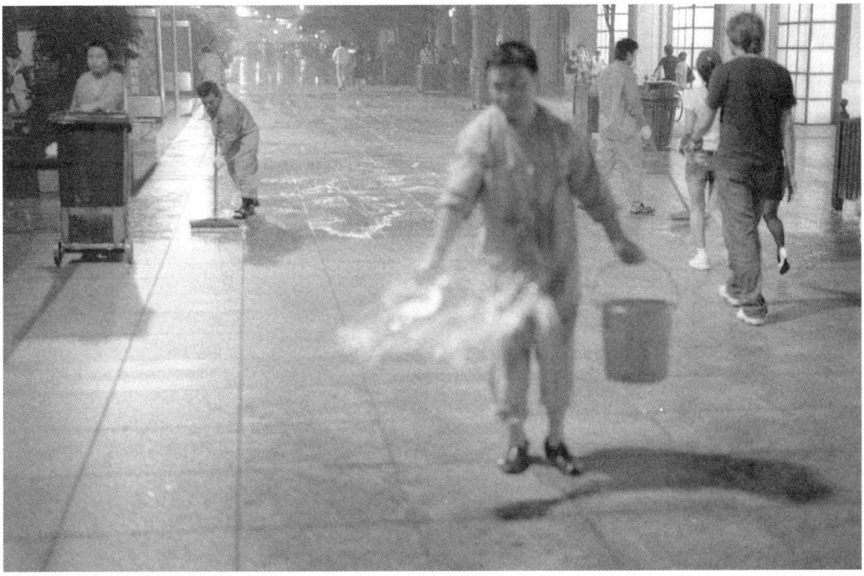

2 | Brian Tan: Nächtliche Säuberung der Nanjing Lu, Shanghai 2009.

dere die Memorialkultur, so etwa Grabstätten, Denkmäler, Denkmalsockel oder Inschriftentafeln. Diese Jahrhunderte alte Nutzungsgeschichte hat sich dem Material gewissermaßen wie eine Eigenschaft angelagert, kann aber durch neue Nutzungen modifiziert werden.[5] Nun mag man argumentieren, eine solche Materialsemantik sei der postmodernen Beliebigkeit gewichen, sie gelte ohnehin nicht für China, und für eine Einkaufsstraße wie die Nanjing Lu in Shanghai sei allein ihr Attraktionswert ausschlaggebend. Gleichwohl findet im modernen China roter Granit auf eine so spezifische Weise Verwendung, dass ein genauerer Blick auf die Nutzungszusammenhänge im öffentlichen Raum lohnt. Denn die ausgewiesene politische Ikonografie des Steins in der Repräsentation des europäischen Kommunismus wird gleichermaßen adaptiert wie transformiert.

## Politische Semantisierung von rotem Granit

Für die Verwendung und die Bedeutung von *rotem* Granit im modernen China ist Maos Zedongs Mausoleum auf dem Tian'anmen-Platz in Peking richtungsweisend. Der vier Meter hohe, zweistufige Sockel, der den frei stehenden Bau mit der umlaufenden Pfeilerhalle aus hellgrauem Granit trägt, ist mit großformatigen roten Granitblöcken ummantelt. Es handelt sich um den Bereich, der sich bei der

5 Wagner; Rübel 2002, (wie Anm. 2), Einleitung, S. VIII.

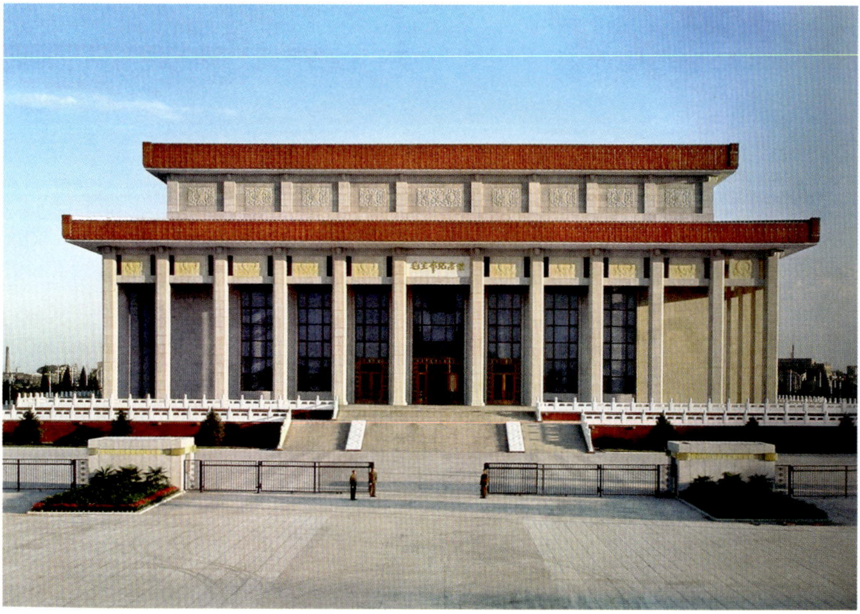

3 | Peking, Tian'anmen-Platz mit dem Mausoleum Mao Zedongs, 1977.

Annäherung an das Mausoleum als terrassenartige Stufung aus dem riesigen Platzareal, das mit hellen, grau-rosa Granitplatten versiegelt wurde, emporhebt (Abb. 3). Die intensive Farbigkeit des polierten roten Granitsockels (Abb. 4) wird durch die kontrastierenden Balustraden aus strahlend weißem Marmor, die sich an denjenigen der kaiserlichen Paläste in der Verbotenen Stadt orientieren, eindrucksvoll gesteigert.

In westlichen Reiseführern ist zu lesen, der Granit für Mao Zedongs Mausoleum stamme vom Taishan.[6] Sucht man im Internet nach rotem Granit aus China, dann landet man rasch bei Angeboten von „Taishan Red Granite", der dort als eigene Bezeichnung figuriert. Allerdings ist keineswegs klar, was damit genau bezeichnet wird. Der Taishan als wichtigster und berühmtester der fünf heiligen Berge,[7] der seit 1987 zum Weltnatur- und Weltkulturerbe zählt, besteht geologisch gesehen aus Granit. Shandong, die Provinz im Osten Chinas, in welcher der Taishan liegt, verfügt über reiche Granitvorkommen und besitzt insgesamt 61 größere Granitsteinbrüche. Claudia Steiners und Ralf Kowatzkis geologisch-chemischer Studie „Chinesische Granite unter der Lupe" zur Folge gibt es darunter jedoch keinen

6 Vgl. z.B. Harper, Damian: *Geographic Traveller China*, S. 65.
7 Landt, Frank A.: *Die fünf Heiligen Berge Chinas: ihre Bedeutung und Bewertung in der Ch'ing-Dynastie*, Diss. Hamburg 1994, S. 41, 47.

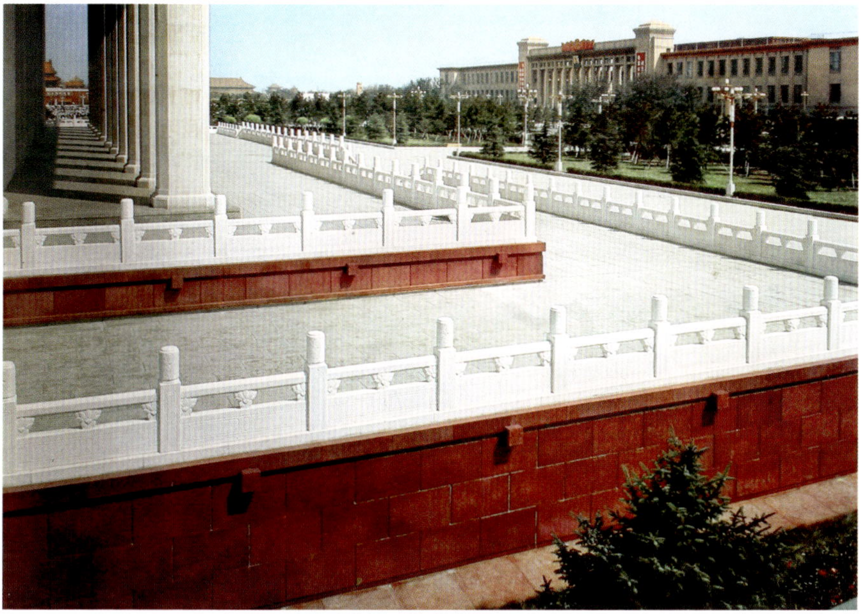

4 | Peking, Mausoleum Mao Zedongs, Sockelzone, 1977.

Steinbruch, der roten Granit abbaut.[8] Vielmehr werden dort zahlreiche Varianten des Gesteins von hellen Grau- bis zu tiefdunklen Schwarztönen gewonnen. Die Benennung als „Taishan Red Granite“ dürfte also wohl kaum als exakte geographische Herkunftsbezeichnung zu verstehen sein. Dem entspricht, dass europäische Steinimporteure, die „Tai Shan Red Granite“ anbieten, darauf hinweisen, dass sie keine Herkunftsangaben machen können, sondern allgemein als Herkunftsort „mainland granite“ angeben.[9] Bei der Bezeichnung scheint es sich eher um ein Qualitätsversprechen zu handeln. Denn der mit Tempeln bestückte heilige Berg, der auch als „pathway to heaven“ verehrt wird und den zahlreiche Pilger aufsuchten,[10] besitzt ein kaum zu überbietendes Image, von dem viele zehren. Granitsteinen vom Taishan wurde eine apotropäische Wirkung zugesprochen, so dass man sie etwa in der späten Qing-Zeit vor das Haus legte.[11] In den 1920er Jahren wurde das seinerzeit legendäre englische Astor House Hotel in Shanghai aufgrund der Verwendung von hellem Taishan-Granit als Baumaterial gerühmt.

8 Steiners, Claudia; Kowatzki, Ralf: *Chinesische Granite unter der Lupe*, https:/www/umpu.com/de/document 10538176, letzter Zugriff am 12.01.2016.

9 https://www.alibaba.com/countrysearch/CN/granite.html, letzter Zugriff am 20.09.2016.

10 Vgl. Chavannes, Édouard: *Le T'ai chan. Essai de monographie d'un culte chinois. Appendice Le dieu du sol dans la Chine antique*, Paris 1910.

11 Matignon, Jean-Jacques: *La Chine hermétique*, Paris 1936, S. 63.

Dauerhaftigkeit, Schwere und Gewichtigkeit des Taishan sind in China sprichwörtlich. Sie entsprechen den geologischen Eigenschaften des Granits, die auch in anderen Teilen der Welt hoch geschätzt und seit dem 19. Jahrhundert vielfach national vereinnahmt wurden.[12] In China kommt die Aura des heiligen Berges Taishan hinzu. Mao Zedong konnte sich in einer Rede anlässlich der Trauerzeremonie für einen getöteten kommunistischen Mitkämpfer im Jahr 1944 auf den berühmten, 2000 Jahre zuvor aktiven Schriftsteller und Historiker Sima Qian berufen, als er dem Tod des Genossen durch einen Vergleich mit dem heiligen Berg höchste Bedeutung verlieh: „Der Opfertod für das Volk wiegt schwerer als der Taishan".[13] Das metaphorische Gewicht des Taishan, das sich aus der physikalischen Dichte seines Gesteins speist, kann – je nach Kontext – seinerseits für den realen Granit reaktiviert werden.

Den offiziellen Verlautbarungen vom 10. Juni 1977 zu Folge kamen die roten Granitquader, die den Sockel des Mao-Mausoleums bilden, allerdings nicht vom Taishan, sondern aus Shimian in Sichuan. Die Wahl der Steinfarbe ebenso wie die spezifische Herkunft des Granits für Mao Zedongs Mausoleum waren aus naheliegenden Gründen nicht religiös, sondern politisch zu begründen: „Wie der Stein wird auch das von Mao gegründete sozialistische Mutterland niemals seine Farbe verändern. Ein Steinbruch in Shimian liegt gegenüber dem Dadu-Fluss. Die rote Armee überquerte den Fluss auf ihrem Langen Marsch."[14] Im Unterschied zu einem Farbanstrich – wie ihn etwa die roten Mauern der kaiserlichen Verbotenen Stadt mit dem Tian'anmen-Tor aufweisen, das in Sichtweite des Mausoleums liegt und auf dessen Achse der gesamte Platz ausgerichtet ist,[15] – lässt sich die Farbigkeit des roten Granits nicht von dessen Materialität ablösen. Vielmehr gehört sie zu den genuinen Eigenschaften des Steins. Granit, der Garant für Beständigkeit, soll in Verbindung mit dem Rot als Farbe des Kommunismus die unumstößliche Fundierung des sozialistischen China bilden. Bekräftigt wurde dies durch die Erzählung über die Herkunft des Granits von einem Ort am Dadu-Fluss, der im kommunistischen Revolutionsnarrativ für den Erfolg des „Langen Marsches" der Roten Armee

12 Während Granit um 1800 in Europa als „Grundfeste der Erde" galt, wurde er im Zuge der Nationalstaatenbewegung in Deutschland zunehmend nationalisiert, siehe Raff, Thomas: Materialikonologie-Materialideologie: Granit, in: Maué, Hermann (Hg.), *Realität und Bedeutung der Dinge, Anzeiger des Germanischen Nationalmuseums* 1995, S. 160–168. Fuhrmeister, Christian: *Beton, Klinker, Granit*, Berlin 2001, S. 241–258.

13 Wagner, Rudolf G.: Reading the Chairman Mao Memorial Hall in Peking: The Tribulations of the Implied Pilgrim, in: Naquin, Susan; Yü, Chün-Fang (Hg.), *Pilgrims and Sacred Sites in China*, Taipeh 1994, S. 378–423, hier S. 408. Hung, Chang-tai: The Cult of the Red Martyr: Politics of Commemoration in China, in: *Journal of Contemporary History*, Bd. 43 (2, 2008), S. 279–304.

14 Zit. nach Wakeman, Frederic Jr.: Revolutionary Rites: The Remains of Chiang Kai-shek and Mao Tse-tung, in: *Representations* No. 10 (Spring, 1985), S. 146–193, hier S. 190, Anm. 148 (Übersetzung M.W.).

15 Grundlegend: Wu Hung: Tiananmen Square: A Political History of Monuments, in: *Representations* No. 35, (Summer, 1991), S. 84–117.

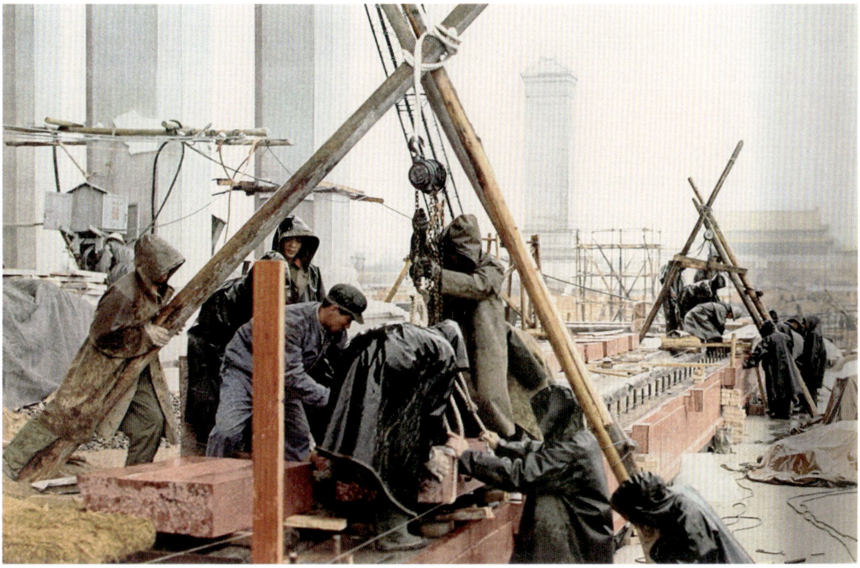

5 | Peking, Granitblöcke für die Sockelzone des Mausoleums von Mao Zedong, 1977.

und die Niederlage der Kuomintang Chiang Kai-sheks entscheidend war. Luding am Dadu-Fluss zählt zu den populären Gedächtnisorten des sozialistischen Gründungsmythos.[16] Der „rote Shimian", aus dem inzwischen auch vor Ort ein monumentales Denkmal für die „22 mutigen Männer" der Roten Armee, die die Flussüberquerung gesichert hatten, errichtet wurde,[17] ist gewissermaßen der natürliche Zeuge des siegreichen Kampfes um die Staatsform.

Über die Mühen des Abbaus von absolut makellosem rotem Granit am Dadu-Fluss berichtete u.a. die Zeitschrift *China Pictorial* im September 1977 ausführlich in Wort und Bild. Die Arbeiter „wählten ihr Material mit größter Sorgfalt, und wenn sie auch nur einen winzigen Fehler entdeckten, sortierten sie es ohne zu zögern aus, egal wie lange sie schon daran gearbeitet hatten." Eines der Arbeitskollektive habe in den steilen Berghängen, so heißt es dort, 4000 Kubikmeter Erde und Steine bewegen müssen, um lediglich „vier Quadratmeter guten Granits zu erhalten".[18] Um den bestmöglichen Stein unbeschädigt bergen zu können, hätten die Arbeiter weder Maschinen eingesetzt, noch den Felsen gesprengt.[19] Im Unterschied zu den heute üblichen Natursteinverkleidungen aus dünnen Platten wurden für die Ummantelung des Betonsockels des Mausoleums dicke Granitquader verwendet (Abb. 5). Die

16 Ende Mai 1937 gelang es der Roten Armee, den Dadu-Fluss zu überqueren.
17 Das Denkmal von 2005 liegt in der Achse der Hängebrücke, die seinerzeit von einem Kommando der Roten Armee unter großen Gefahren erobert worden war.
18 The Chairman Mao Memorial Hall Sucessfully Completed, in: *China Pictorial* 9, 1977, S. 9.
19 *China Pictorial* 9, 1977 (wie Anm. 18), S. 9.

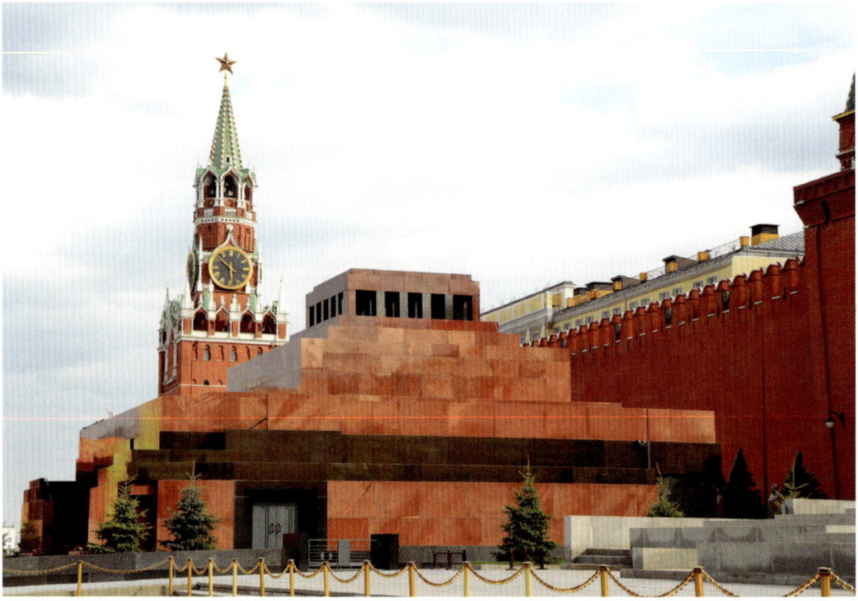

6 | Alexei W. Schtschussew: Lenin-Mausoleum, Moskau, Roter Platz.

tatsächlich makellosen, homogen roten Steinblöcke wurden dem „Langen Marsch“ vergleichbar über eine Distanz von mehr als zweitausend Kilometern von Sichuan nach Peking transportiert.

Anders als der Sockel des Gebäudes stammt das tiefschwarze Granitpostament, auf dem im Inneren des Mausoleums der Kristallsarg mit dem einbalsamierten Körper Mao Zedongs lagert, tatsächlich vom Taishan. Der Transfer des Granitblocks vom heiligen Berg in die neue Kultstätte der Volksrepublik China ist der materielle Ausdruck einer Bedeutungsübertragung. In die physische Beständigkeit des Steins ist die religiöse Verehrung ebenso wie die populäre Aufladung des heiligen Berges eingeschrieben. Beide werden auch am neuen Ort wirksam. Dass damit auf das politisch begründete rote Granitfundament aus Sichuan dank der Herkunft des Sargpostaments auch etwas vom Heiligen Berg Taishan abstrahlte, konnte nur willkommen sein.

Bereits für die Basis der *Großen Halle des Volkes*, die 1958/59 anlässlich der Feiern zum zehnten Gründungstag der VR China als Tagungsort des Nationalen Volkskongresses und der Parteitage der KP Chinas am westlichen Rand des Tian'anmen-Platzes errichtet worden war, hatte der damalige Premierminister Zhou Enlai, ein enger Vertrauter Maos, roten Granit gewünscht.[20] Seinerzeit

20 Wakeman 1985 (wie Anm. 14), S. 190, Anm. 148.

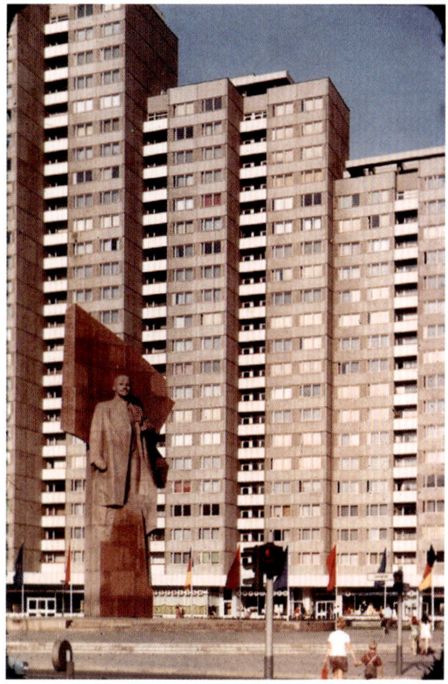

7 | Nikolai Tomski: Lenindenkmal, errichtet 1979, ehemals Berlin-Friedrichshain.

konnten Zhou Enlais Vorstellungen jedoch nicht realisiert werden, da in China kein entsprechendes Material abgebaut wurde.

Rot als Farbe des Kommunismus traf in China – ähnlich wie in der Sowjetunion – auf besonders günstige Voraussetzungen, gilt Rot doch traditionell als Farbe des Glücks. Und wie in der Sowjetunion, wo derselbe Begriff (*krasnyi*) rot und zugleich schön bezeichnet, erhielt die Glücksfarbe Rot in der jungen VR China eine starke politische Grundierung. In Verbindung mit dem Granit als Ausdruck des Beständigen figuriert der Sockel der Memorialhalle für den Staatengründer als konkrete wie metaphorische Basis des Kommunistischen Reiches. Man knüpfte in Peking also nicht allein mit der Einbalsamierung und Zurschaustellung des präparierten Körpers in einem Kristallsarg an das Lenin-Mausoleum auf dem Roten Platz in Moskau an, worauf Lothar Ledderose bereits 1988 hinwies.[21] Vielmehr war auch die *material*ikonografische Ausrichtung am ehemaligen Bruderland der Sowjetunion orientiert (Abb. 6).

Alexei W. Schtschussew, der das Lenin-Mausoleum auf dem Roten Platz in Moskau, das nach Lenins Tod zunächst als Holzkonstruktion errichtet worden war, 1930 in Stein ausführte, setzte dafür neben grauem und schwarzem Labrador vor

21 Ledderose, Lothar: The Mausoleum of Mao Zedong. An Example of Political Architecture, in: Grimm, Tilmann; Kuhfus, Peter M; Wacker, Gudrun (Hg.), *Collected Papers of the XXIXth Congress of Chinese Studies*, Tübingen 1988, S. 121–128.

allem dunkelroten Granit aus der Ukraine ein, der den kubischen Bau von außen und innen bekleidet. Das programmatisch als Symbol der Unvergänglichkeit des Kommunismus eingesetzte Material,[22] welches das Lenin-Mausoleum auf dem Roten Platz in Moskau ummantelt, wurde auch in anderen Teilen des Einflussbereichs der Sowjetunion, so auch in der DDR, in vergleichbarer Funktion genutzt. Das 1979 eingeweihte, aber schon 1991 wieder demontierte, 19 Meter hohe Lenindenkmal des russischen Bildhauers Nikolai Tomski auf dem ehemaligen Leninplatz im Osten Berlins (Abb. 7), besteht ebenfalls aus ukrainischen Granit. Auch das Sockelgeschoss des Dresdner Kulturpalastes, des „sozialistischen Zentrums der Elbmetropole", war mit polierten roten Granitplatten aus der Ukraine bekleidet; die jüngste Renovierung hat dies in veränderter Form berücksichtigt.[23] Für das Lenin-Mausoleum in Moskau beabsichtigte Schtschussew neben rotem Granit auch Materialien aus den unterschiedlichen Regionen der Sowjetunion zu nutzen: Nach dem ersten Entwurf waren Säulen aus Granitsorten der verschiedenen Sowjetrepubliken und, in der Tradition antiker wie christlicher Herrschersarkophage, karelischer Porphyr für die Grabplatte vorgesehen.

## Materialkomposite als nationale Einheitsbekundung

Zur politischen Symbolisierung der Einheit eines Herrschaftsbereichs gehörte das Zusammenführen von Materialien aus allen Regionen. Nicht allein in Europa, sondern ebenso in China waren entsprechende politische Rituale über lange Zeit verbreitet. In Peking waren es, wie in der chinesischen Berichterstattung der späten 1970er Jahre dargestellt und in Beiträgen zum Tian'anmen-Platz und dem Mao Zedong-Mausoleum bereits vielfach erwähnt wurde, nicht nur 700.000 Arbeiter aus allen Landesteilen, die nach dem Tod des Parteiführers am 9. September 1976 innerhalb eines Jahres zumindest symbolisch ihren Dienst taten. Vielmehr wurden auch – systematischer als beim Lenin-Mausoleum – Materialien aus allen Gebieten Chinas herbei geschafft:[24] Wasser und Sand aus dem Meer vor Taiwan dienten während des Bauprozesses zur Herstellung von Mörtel; neben dem Grundstein wurden Felsstücke vom Himalaya platziert, 13 Pinien aus Yan'an, wo Mao 13 Jahre verbracht hatte, wurden in den Grüngürtel, der das Mausoleum umfängt, eingepflanzt. Holz schaffte man aus Hunan, Kieselsteine aus Nanjing, Quartz aus den Kunlun-Bergen, Ton aus Maos Geburtsort Shaoshan, Granit unter anderem

22 Moran, Dominique: Hewn from Stone. Representing Soviet Material Cultures and Identities, in: *Journal of Social History*, Bd. 41, Nr. 3, (Frühjahr 2008), S. 591–610, besonders S. 603.

23 Kultur reicht ins Zentrum. Kulturpalast Dresden, in: *Deutsche Architektur* 5, Mai 1970, S. 266.

24 Ledderose 1988 (wie Anm.21), Wakeman 1985 (wie Anm.14), S. 190, Anm. 148; Wagner 1994 (wie Anm. 13), S. 404; Leese, Daniel: A Place where Great Men Rest? The Chairman Mao Memorial Hall, in: Matten, Marc André (Hg.), *Places of Memory in China*, Leiden 2012, S. 91–132, hier besonders S. 116.

für die 44 Pfeiler der umlaufenden, offenen Halle aus Sichuan, Shandong, Guangdong, Fujian und Henan sowie weitere Steinarten aus anderen Provinzen heran. Das erinnert, auch wenn es sich um freiwillige „Geschenke" aus meist bescheidenen Naturstoffen handelt, an die Tribute, die einst dem chinesischen Herrscher aus allen Teilen des Reichs und darüber hinaus gezollt wurden (vgl. den Beitrag von R. Siemß), um die Einheit des Herrschaftsbereichs zu manifestieren. Für das Mausoleum propagierten Partei und Staat die Herkunft der Materialien aus allen Regionen Chinas und demonstrierten damit symbolisch wie materiell die nationale und ethnische Einheit[25] unter der Signatur von Mao Zedong. Die Integration der Materialien unterschiedlicher Provenienz korreliert den durch ihre vielfältigen Trachten ausgewiesenen Volksgruppen Chinas, die bei den offiziellen Trauerfeierlichkeiten anlässlich von Mao Zedongs Tod 1976 auf dem Tian'anmen-Platz versammelt waren.[26] Dieser historische Kontext ließ das Materialagglomerat für die Gedächtnishalle des Staatengründers zu einem politischen Manifest werden.

Das Zusammenführen von Materialien, insbesondere von Steinen und Erden unterschiedlicher Herkunft als Repräsentanten von Landesteilen war auch in verschiedenen europäischen Staaten verbreitet und diente hier ebenfalls der symbolischen Legitimation und rituellen Affirmation politischer Einheit. Auf einige wenige signifikante Beispiele sei verwiesen, um die *longue durée* derartiger Praktiken anzudeuten: Im antiken Rom umstanden bunte Barbarenfiguren als Repräsentanten der eroberten Teile des Römischen Reichs das Trajansforum.[27] Sie waren aus denjenigen farbigen Marmor- und Steinsorten hergestellt, die als signifikant für die jeweilige Provinz des Weltreichs galten. In neuerer Zeit wurden im Deutschen Kaiserreich – ebenso wie in anderen Nationalstaaten – Steine als Repräsentanten der verschiedenen Regionen zu Kompositdenkmälern zusammengefügt. Für diese Monumente der Reichseinigung ließ man Steine verschiedener topographischer und geologischer Herkunft an *einem* Ort zusammentragen und unterwarf sie einer gemeinsamen Form.[28]

Auch Künstler haben sich mit derart politisch aufgeladenen Transfers von Steinen auseinandergesetzt. In der von Ieoh Ming Pei für Neapel entworfenen Büro- und Geschäftsstadt wurde z.B. aus heterogenen buntfarbigen Steinen aller EU-Länder ein riesiges Monument in Gestalt eines Astrolabiums errichtet. Wie in den Kompositdenkmälern der deutschen Kaiserzeit bilden die heterogenen Steinsorten

25 Leese 2012 (wie Anm. 24), S. 116.

26 Die Trauerzeremonie, an der eine Million Menschen beteiligt waren, fand am 17. 9. 1976 statt, siehe Budde, Antje: Der Tiananmen-Platz. Die größte Bühne der Welt, in: Fiebach, Joachim; Mühl-Benninghaus, Wolfgang (Hg.), *Herrschaft des Symbolischen. Bewegungsformen gesellschaftlicher Theatralität Europa, Asien, Afrika*, Berlin 2002, S. 197–346, hier S. 298.

27 Schneider, Rolf Michael: *Bunte Barbaren. Orientalenstatuen aus farbigem Marmor in der römischen Repräsentationskunst*, Worms 1986.

28 Fuhrmeister 2001 (wie Anm. 12), S. 248f.; Wagner, Monika: *Das Material der Kunst. Eine andere Geschichte der Moderne*, München 2001, S. 177.

eine gemeinsame Form. Gegenüber derartigen stets auch ausgrenzenden Einheitsmonumenten vereinte Walter de Maria ununterscheidbare Brocken weißen Marmors aus allen fünf Kontinenten in einer amorphen Schüttung,[29] um die Zusammengehörigkeit und Gleichberechtigung *aller* Erdteile zu demonstrieren.

Derartige Einheitsbekundungen durch das Versammeln von Materialien unterschiedlicher Herkunft waren auch im alten China durch das Tributsystem verbreitet. Ein berühmter Gründungsmythos des Reiches argumentiert ebenfalls mit dem Zusammenführen von Materialien und Dingen aus verschiedenen Teilen des Reiches. Aus dem Jahr 605 vor Christus ist, worauf jüngst Alain Schnapp hinwies, für die erste, mythische Dynastie der Xia Folgendes überliefert: „Die Dreifüße sind das Werk der Xia, die von den neun ‚Hirten', die alle Regionen Chinas repräsentieren, das Metall empfangen hatten, das sie zum Guss dieser kostbaren Gegenstände brauchten" (gemeint sind rituelle Dreifüße aus Bronze). Unter Verweis auf die Forschungen von Wu Hung sieht Schnapp in den bronzenen Dreifüßen die „Bekundung eines Einheitsgedankens" und die Anerkennung der „überlegenen Macht des Herrschers".[30]

## Roter Granit als Garant der Kontinuität der VR China

In Shanghai wurde kurze Zeit vor der Pflasterung der Nanjing Lu mit rotem Granit das gleiche Material für eine bedeutende Gedenkstätte zur Erinnerung an die so genannten „Märtyrer der Revolution" verwendet, die ihr Leben während des Bürgerkriegs für die kommunistische Bewegung geopfert hatten. Im Vorfeld der 50-Jahr-Feier zur Gründung der VR China, die am 1. Oktober 1999 stattfand, wurde 1997 in Shanghai, wo 1921 die erste Kommunistische Partei Chinas gegründet worden war, der Longhua-Park als großflächige Gedenkstätte für die „Märtyrer der Revolution" fertig gestellt. An diesem nationalen Memorialort, an dem sich ein Gefängnis befand und während des Bürgerkrieges zahlreiche Kommunisten hingerichtet wurden,[31] ist neben der Bepflanzung polierter, roter Granit das wichtigste Material (Abb. 8). Für die Außenhaut der zentralen pyramidalen Halle dienen roter Granit und opakes Glas, während in der zentralen Achse, die auf die Pyramide ausgerichtet ist, ein oblonger, sarkophagartiger roter Granitblock lagert, der die

29 Zur Tradition der Erdschüttungen als politische Einheitsbekundung siehe Wagner, Monika: Ein Mischling für den Bundestag. Erd- und Steingemenge als Symbole politischer Einheit, in: Diers, Michael; König, Kasper (Hg.), *„Der Bevölkerung". Aufsätze und Dokumente zur Debatte um das Reichstagsprojekt von Hans Haacke*, Köln 2000, S. 22–34.

30 Schnapp, Alain: *Was ist eine Ruine? Entwurf einer vergleichenden Perspektive*, Göttingen 2014 (Historische Geisteswissenschaften. Frankfurter Vorträge 7), S. 101, 102. Offen bleibt, ob damit gemeint ist, dass die Metalle der neun Hirten miteinander verschmolzen wurden, oder ob sie separiert für jeweils ein Gefäß dienten. Für die Herstellung einer unauflöslichen Einheit ließe sich keine bessere Metapher finden als das Verschmelzen von Metallen zu einer Legierung wie Bronze.

31 Die ruinösen Reste des Gefängnisses sind in die Gedenkstätte integriert.

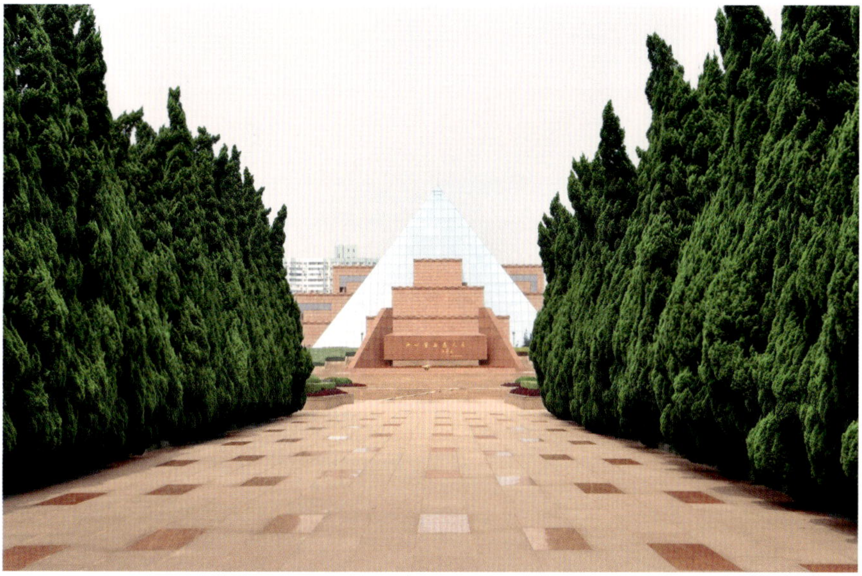

8 | Shanghai, Longhua-Park, Gedenkstätte für die „Märtyrer der Revolution".

Inschrift trägt: „Mit treuem Herzen und vergossenem Blut der gerechten Sache des Volkes dienen". Aus rotem Granit ist das Grab des Unbekannten Soldaten ebenso gestaltet wie die auf einem Rasenstück liegenden, quadratischen Gedenkplatten für die einzelnen Toten und schließlich die inskribierten Tafeln am Seerosenteich. Im Vorfeld des 50. Jahrestages der Gründung der VR China sollten die „Märtyrer der Revolution", die ihr Leben für die Gründung des kommunistischen China eingesetzt hatten, dauerhaft in das kollektive Gedächtnis eingeschrieben werden. Dass man dafür, wie für den Sockel der Gedenkhalle Mao Zedongs, ebenfalls roten Granit verwendete, weist auf das symbolische Potenzial des Materials im erinnerungspolitischen Kontext.[32]

Auch die Umgestaltung der Nanjing Lu in Shanghai auf einer Länge von mehr als einem Kilometer in eine Fußgängerzone aus rotem Granit erfolgte wie die entsprechende Pflasterung in anderen Großstädten im Zusammenhang mit den Vorbereitungen zur Feier des 50. Jahrestages der Gründung der VR China. In Peking erhielt die Fußgängerzone Wangfujing, die wichtigste Einkaufsstraße und erste autofreie Straße der Hauptstadt, unweit des Tianan'men-Platzes ebenfalls im Vorfeld der 50-Jahr-Feiern 1998 neues Pflaster. Der Straßenbelag aus grauen Granitplatten wird zwischen zwei Kaufhäusern von einer großen quadratischen Fläche

32 Darauf weist auch die Errichtung des Denkmals aus rotem Granit für die Kämpfer der Roten Armee in Luding am Dadu-Fluss im Jahr 2005.

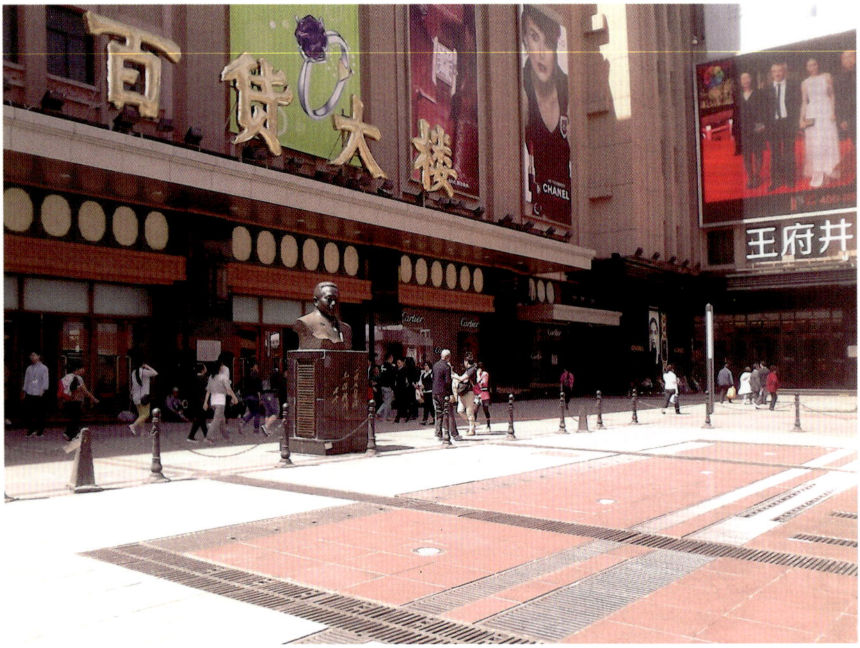


9 | Peking, Wangfujing, Büste des Zhang Binggui.

aus rotem Granit mit ornamental eingelegten grauen und schwarzen Feldern unterbrochen. Die durch die farbige Steinordnung mehrfach gerahmte rote Fläche erscheint wie ein riesiger Teppich. Mit Metallpfosten und -ketten als bedeutsames Geviert abgegrenzt, hält der Granitteppich den Raum vor einer Bronzebüste auf einem schwarzen, polierten Steinsockel frei (Abb. 9). Die Büste zeigt Zhang Binggui, den landesweit bekannten, vorbildlichen sozialistischen Arbeiter, der hier unermüdlich Bonbons verkaufte und für seinen Beitrag zum Aufbau der chinesischen Wirtschaft seit den 1960er Jahren geehrt wird. In die Warenwelt des sich rapide verändernden Shoppingdistrikts wurde also eine Markierung für die Erinnerung an die Herkunft des neuen Reichtums implantiert und mit rotem Granit in das Pflaster der Einkaufsstraße eingetragen.

Antje Budde konstatierte aus Anlass der Feierlichkeiten zur 50-Jahr-Feier der VR China Umgestaltungen in einer Reihe großer Städte Chinas, darunter besonders die „Verschönerung“ durch „die rote Pflasterung von … Fußgängerzonen“.[33] Tatsächlich lassen sich in den Fußgängerzonen anderer Millionenstädte, so etwa in Chengdu und Changsha, ebenfalls teppichartige Gestaltungen aus poliertem rotem Granit ausmachen, während in Chongqing der 40.000 m² große Platz vor der Halle

33 Budde 2002 (wie Anm. 26), S. 311.

des Volkes mit einem hoheitsvollen, riesigen Band aus roten Granitplatten durchzogen wird, das auf den Eingang der Volkshalle zuführt. Doch scheinen diese „Verschönerungsmaßnahmen“ nicht allein ästhetische Ziele zu verfolgen. Natürlich entspricht die Ablösung von blanker Erde oder Asphalt durch höherrangige Natursteinplatten der Strategie, die Zentren chinesischer Städte aufzuwerten, mit Straßenmobiliar Aufenthaltsqualitäten in den Shoppingdistrikten zu schaffen und diese so den internationalen Kommerzialisierungstendenzen anzupassen. Dass dazu im Vorfeld der 50-Jahr-Feiern der Staatengründung roter Granit gewählt wurde, der noch dazu als „Taishan Red“ gehandelt wird, erscheint jedoch kaum zufällig. Mit dem Einsatz von rotem Granit in der Memorialkultur wie in modernen Geschäftsstraßen lässt sich die Zusammengehörigkeit von alt und neu, von heroischer Vergangenheit und marktorientierter Zukunft im Zeichen der VR China formulieren und auf diese Weise die politische Symbolik mit dem neuen Glanz des Kommerzes versöhnen.

Vera Wolff

# DER JAPANISCHE STEINGARTEN UND DIE GLOBALISIERTE WELT

## Isamu Noguchis Arbeiten in Paris, New York, Los Angeles und auf Shikoku

Das New Yorker Whitney Museum veranstaltete im Jahr 2004 eine Retrospektive der Arbeiten des japanisch-amerikanischen Bildhauers Isamu Noguchi, die ihn als „one of the truly global artists of the modern era“[1] würdigte. Bereits in den 1950er Jahren, als Werner Haftmann die von ihm konzipierte *documenta II* der „Weltsprache Abstraktion“ widmete,[2] hatte der 1904 in Los Angeles als Sohn einer Amerikanerin und eines Japaners geborene Noguchi als ein Künstler gegolten, der auf besondere Weise zwischen kulturell unterschiedlichen ästhetischen Traditionen zu vermitteln in der Lage war. Mit seinen Arbeiten war er auf der *documenta II* und *documenta III* vertreten, und noch 1986, zwei Jahre vor seinem Tod, konnte er den Pavillon der USA auf der Biennale von Venedig bespielen. Danach geriet er zunehmend in Vergessenheit, zumindest in Europa.

Im Folgenden soll es nicht darum gehen, Noguchi im Zeichen der Globalisierung wiederzuentdecken oder ihm einen Platz in einem neuen Kanon transnationaler Kunst zuzusprechen, wie es unlängst Toshio Watanabe nahelegte, als er schrieb, Noguchis Werke seien dafür hervorragende Beispiele.[3] Vielmehr soll nachvollzogen werden, inwiefern die Arbeiten Noguchis tatsächlich an die Geschichte kultureller und ökonomischer Internationalisierungsprozesse seit 1900 geknüpft sind, welche Funktionen dem ubiquitären Material Stein in diesen historischen Zusammenhängen zukamen und was für Materialikonografien auf diese Weise entworfen wurden.

1 Ausst.-Kat. *Isamu Noguchi: Master Sculptor.* Fletcher, Valerie J. (Hg.), Whitney Museum of American Art, New York 2004, Umschlag.

2 Haftmann, Werner: Einführung, in: Ausst.-Kat. *documenta II.* Bode, Arnold (Hg.), Kassel, Köln 1959, Bd. 1, S. 12–19, hier S. 14.

3 Watanabe leitete bis 2015 das Londoner „Research Centre for Transnational Art, Identity and Nation“. Watanabe, Toshio: The Modern Japanese Garden, in: Rimer, J. Thomas (Hg.), *Since Meiji. Perspectives on the Japanese Visual Arts 1868–2000*, Honolulu 2012, S. 340–360, hier S. 355.

## Im Garten der UNESCO: Uralt und modern, japanisch und international

Zehn Jahre nach dem Ende des Zweiten Weltkriegs erhielt Isamu Noguchi den Auftrag, für den Pariser Hauptsitz der UNESCO einen Garten „im japanischen Stil" zu gestalten.[4] Der von Marcel Breuer, Pier Luigi Nervi und Bernard Zehrfuss im internationalen Stil ausgeführte UNESCO-Sitz liegt in Sichtweite des Eiffelturms auf der Achse, die vom Palais de Chaillot über den Pont d'Iéna, den Champ de Mars und die École Militaire führt. Damit befindet sich die Sonderorganisation der United Nations für Bildung, Wissenschaft und Kultur, die dem Weltfrieden und der Völkerverständigung verpflichtet ist, an einem symbolträchtigen Ort: gegenüber der École Militaire und dem Marsfeld, auf dem während der Revolutionszeit das Verbrüderungsfest abgehalten wurde[5] und im 19. Jahrhundert die Weltausstellungen stattfanden.

Für den heute als *Jardin de la Paix* oder als *Jardin Japonais* bekannten Garten ließ Noguchi 80 Tonnen Stein sowie Bambus-, Magnolien-, Pflaumen- und Kirschbäume aus Japan importieren.[6] Wie die *UNESCO House News* im Oktober 1957 berichteten, stammen die Steine aus den Bergen von Tokushima, Shodoshima und Okayama – d.h. von der größten Hauptinsel Japans (Honshû), aus einer der Provinzen auf der kleinsten Hauptinsel (Shikoku) und von einer winzigen Insel im japanischen Seto-Binnenmeer.[7] Das japanische Außenministerium, die japanische UNESCO-Nationalkommission, eine Reihe japanischer Stiftungen und Firmen, hochrangige Politiker, Großindustrielle, darunter ein Zementhersteller, und mehrere Filmproduzenten übernahmen die nicht unerheblichen Kosten für die Steine und ihren Transport von Japan über Marseille nach Paris.[8]

Mit der Teilnahme Japans an den Weltausstellungen im 19. Jahrhundert war ein „japanischer Garten" zum unverzichtbaren Teil der kulturellen Selbstdarstellung der japanischen Nation avanciert. Der aufwändige Import von Stein- und Pflanzenmaterial aus Japan, der die Japanizität der Gärten auch materiell bezeugen sollte, wurde von der zeitgenössischen Presse stets mit großer Aufmerksamkeit wahrgenommen. Es lassen sich viele Beispiele für solche, damals häufig als Miniaturaus-

4 Committee of Art Advisers: Report for the Meeting 16–18 May 1955, 3 S., UNESCO Archiv, Paris, zit. n. Treib, Marc: *Noguchi in Paris: The UNESCO Garden in Paris*, San Francisco, Paris 2003, S. 134, Anm. 39.

5 Constantin, Marc: *Paris. Ein Blick in die Seinestadt und ihre Umgebung*, Leipzig 1855, S. 67.

6 N.N.: Sculptor works with rocks and trees to make beauty at new HQ, in: *UNESCO House News* 22 (18.10.1957), S. 1. Bei der Pflanzenzusammenstellung war Noguchi der Landschaftsgärtner Russell Page behilflich. Treib 2003 (wie Anm. 4), S. 136, Anm. 74. Page war für die Gestaltung der bei Paris gelegenen Gärten des Obersten Hauptquartiers der Alliierten Streitkräfte verantwortlich.

7 N.N. 1957 (wie Anm. 6), S. 1.

8 Duus, Masayo: *The Life of Isamu Noguchi. Journey without Borders*, Princeton, Oxford 2004, S. 414, Anm. 8.

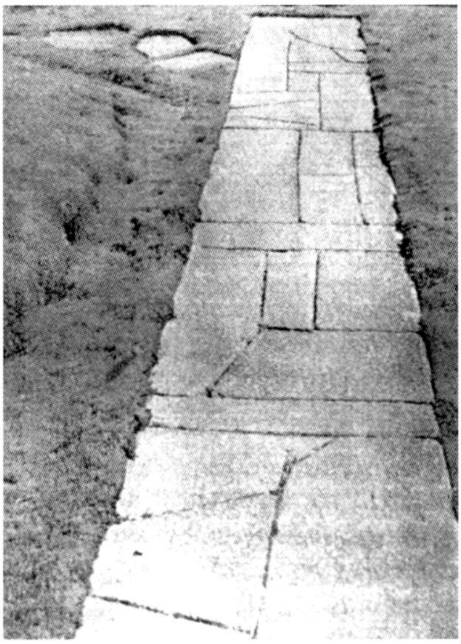

1 | Isamu Noguchi: Fotografie eines gepflasterten Steinpfads im Garten des kaiserlichen Katsura-Palasts in Kioto, publiziert in der Zeitschrift *Bijutsu techô* 1950.

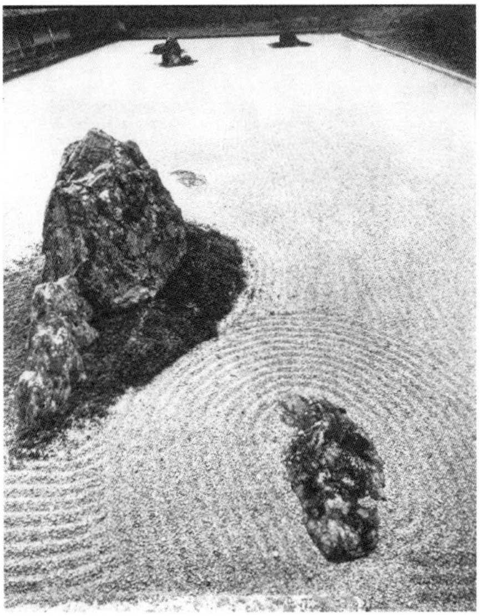

2 | Steine im Ryôan-ji-Garten. Fotografie aus dem Katalog der Ausstellung *Gendai no me: Nihon no bijutsushi kara/Today's Focus: On the History of Japanese Art,* National Museum of Modern Art, Tokio 1955.

gaben des japanischen Inselreichs charakterisierte Ausstellungsgärten aus dem 19. und frühen 20. Jahrhundert benennen: etwa der Garten auf der Weltausstellung in St. Louis 1904 oder auf der Londoner *Japan-British Exhibition* von 1910, der, wie viel später auch der UNESCO-Garten, als *Garden of Peace* firmierte.

Isamu Noguchis Garten für den Pariser Sitz der UNESCO basiert auf dem zeitgenössischen Wissen über die japanische Gartenkunst. Seine entsprechenden Kenntnisse dokumentierte der Künstler u.a. durch zwei Artikel, die in den beiden einflussreichsten japanischen Zeitschriften für moderne Kunst erschienen und mit Fotografien illustriert waren, die er in den Gartenanlagen des Ryôan-ji, des Katsura-Palasts und des Tôfuku-ji in Kioto gemacht hatte (Abb. 1).[9] Sie zeigen die aus der Muromachi-Zeit,[10] dem 17. Jahrhundert und dem Jahr 1939 datierenden Gärten unterschiedslos aus einer modernen, dem Stil des Neuen Sehens verpflichteten Per-

9 Noguchi, Isamu: Watashi no kamera kara, in: *Bijutsu techô* 34 (1950), S. 34–50; ders.: Ishi: Pari no ‚Nihon no niwa' o tsukuru, in: *Geijutsu shinchô* 8.7 (1957), S. 144–157. Bei der erstgenannten Publikation handelt es sich um eine sparsam kommentierte Fotostrecke.

10 Wann genau der Ryôan-ji-Garten angelegt wurde, ist bis heute unklar; vermutlich datiert er vom Ende des 15. Jahrhunderts, d.h. aus der Mitte der Muromachi-Zeit (1333–1573).

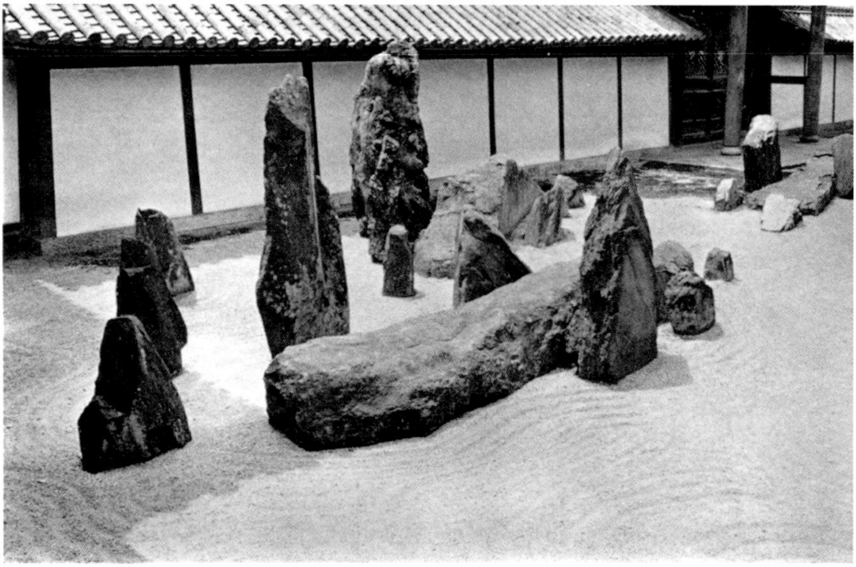

東福寺庭園　石組は昔を考えている　作者は現代を考えている
"*Tofukuji*" garden. Stones contemplate the past, the designer the present.

3 | Mirei Shigemori: Tôfuku-ji-Garten, Kyoto, 1939, aus: ders.; Shigemori, Kanto: *The Artistic Garden of Japan/Nihon no teien geijutsu*, Tokio 1957.

spektive, die das Image des neuen Japan in den 1950er Jahren prägte.[11] Solche auf Formen und Materialtexturen fokussierten Aufnahmen, darunter eine Fotografie der Steine des Ryôan-ji-Gartens, zeigte damals auch das Tokioter Nationalmuseum für moderne Kunst in einer Ausstellung mit dem Titel *Das Auge der Gegenwart: aus der japanischen Kunstgeschichte* (Abb. 2).

Bei der Auswahl der für den Pariser UNESCO-Garten vorgesehenen Steine ließ Noguchi sich von Mirei Shigemori beraten, der 1939 den Tôfuku-ji-Garten entworfen hatte (Abb. 3), an der Restaurierung des Shôden-ji-Gartens beteiligt war und bis heute zu den einflussreichsten Historikern der japanischen Gartenkunst gehört. Shigemoris Publikationen, in denen er eine bis in die Prähistorie zurückreichende Genealogie des Gartenbaus entwarf, um den Garten als eigenständige

11 Vgl. Reynolds, Jonathan M.: Ise Shrine and a Modernist Construction of Japanese Tradition, in: *Art Bulletin* 83.2 (2001), S. 316–341; Ausst.-Kat. *Katsura: Picturing Modernism in Japanese Architecture*. Nakamori, Yasufumi (Hg.), Museum of Fine Arts, Houston 2010. *New Japan*, ein aufwändig gestaltetes Magazin für das englischsprachige Ausland, publizierte 1951 eine Fotografie von Fujio Matsugi, die Noguchis Foto des steinernen Gartenpfads in Katsura und Aufnahmen, die der am New Bauhaus in Chicago ausgebildete Yasuhiro Ishimoto Mitte der 1950er Jahre in Katsura anfertigen sollte, zum Verwechseln ähnelt. Matsugi war während des Krieges mit neusachlichen, die japanische Armee heroisierenden Fotografien hervorgetreten. Seine Katsura-Aufnahme findet sich in: *New Japan* 4 (1951), S. 202.

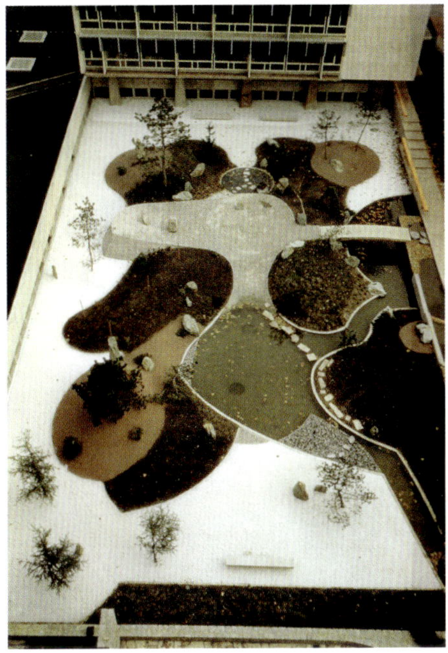

**4** | Isamu Noguchis Garten für den Pariser Sitz der UNESCO, 1956–1958.

Kunstform zu rechtfertigen, stehen in engstem Zusammenhang mit den Anfängen des japanischen Denkmal- und Kulturgüterschutzes. Die Steinsetzungen des japanischen Gartens führte er auf das animistische Naturverständnis von Einwanderern zurück, die während der Yayoi-Zeit (ungefähr der Epoche der Jungsteinzeit entsprechend) vom Festland nach Japan gekommen waren. Er ging davon aus, dass diese mit den Steinsetzungen nicht nur die Stationen ihres Weges übers Meer nachgebildet hätten, sondern in den Steinen auch ihre Ahnen verehrten.[12] Die für Shigemori als Historiker wie als Landschaftsarchitekten interessanteste historische Gartenform war der auf Steine, Sand oder Kies und geringsten Bewuchs reduzierte sogenannte Trockenlandschaftsgarten *(kare-sansui)*, dessen Hochzeit in die Muromachi-Zeit fällt und auf die Inspiration durch sungzeitliche[13] Tuschmalerei zurückgehen soll. Den Trockenlandschaftsgarten schätzte Shigemori um seiner Abstraktion und seiner genuin bildhaften Qualitäten willen.[14]

Noguchis Garten für den Pariser UNESCO-Sitz stellt eine zeitgemäße visuelle Formel für die Naturverehrung dar, die seit Beginn der japanischen Gartenkunst-

12 Shigemori, Mirei: *Gardens of Japan*, Kioto 1949, S. 15.
13 Sung-Zeit: 960–1279.
14 Shigemori 1949 (wie Anm. 12), S. 36.

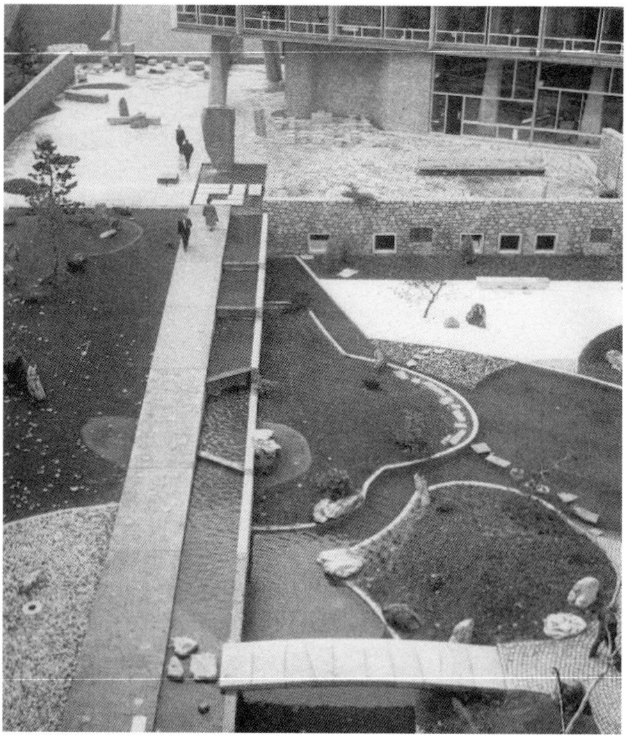

5 | Isamu Noguchis Garten für den Pariser Sitz der UNESCO, 1956–1958.

geschichtsschreibung immer wieder als Erklärung für den Ursprung der besonderen japanischen Wertschätzung von Steinen angeführt wird. Von den in einem siebzehnstöckigen Eisenbetonskelettbau untergebrachten UNESCO-Büros aus betrachtet, bildet der Garten eine biomorphe Gestalt: ein flaches abstraktes Bild, das gleichermaßen vage an wissenschaftliche Bilder natürlicher Organismen wie an archäologische Ausgrabungsstätten oder jahrtausendealte Geoglyphen erinnert (Abb. 4). Beim täglichen Blick aus dem Bürofenster auf den 1958 fertiggestellten Garten können die UNESCO-Mitarbeiter also das scheinbar uralte und zugleich hochmoderne Emblem einer harmonischen Synthese von Naturwissenschaft und Kultur erkennen, der sich die UNESCO schon unter ihrem ersten Generalsekretär, dem Evolutionsbiologen Julian Huxley, verpflichtet hatte.[15]

Wer will, kann im japanischen Friedensgarten der UNESCO aber auch Anspielungen auf all die berühmten Gärten erkennen, die Noguchi im Sommer 1950 in

15 Zu Huxley vgl. Pearson, Christopher E. M.: *Designing UNESCO: Art, Architecture and International Politics at Mid-Century*, Farnham 2010, S. 39–50.

Kioto besucht und fotografiert hatte.[16] Ähnlich wie die hybriden japanischen Weltausstellungsbauten des 19. und frühen 20. Jahrhunderts ruft Noguchis Garten exemplarische Epochen der japanischen Geschichte und die damit jeweils verbundene Geistesgeschichte auf. Neben künstlichen Hügeln und einem Teich – Elemente, die als besonders typisch für die vom chinesischen Einfluss geprägten aristokratischen Gärten der Heian-Zeit[17] gelten – finden sich gekieste oder gepflasterte Areale und einzelne Steinsetzungen, die an die mit dem animistischen Shintoismus, aber auch mit dem Zen-Buddhismus verknüpften Trockenlandschaftsgärten der Muromachi-Zeit erinnern (Abb. 5). Eine der Steinformationen im unteren Teil des Gartens stellt die Horai-Insel dar, die auf den Daoismus zurückgehende mythische Wohnstatt der Erleuchteten und Unsterblichen.[18] Und eine steinerne Sitzgruppe auf der Delegiertenterrasse nimmt zwar die streng geometrische Formensprache Constantin Brancusis auf, soll sich Noguchi zufolge jedoch auf die Tradition der Teezeremonie beziehen.[19]

Ohne Steine war ein „japanischer Garten" im Westen schlechthin unvorstellbar. „[I]ndeed it is as difficult to imagine a Japanese garden without a number of picturesque and oddly shaped stones as it is to imagine an American garden without flowers", schrieb Edward Sylvester Morse schon 1886.[20] Mit den Steinen kam nicht nur ein historischer Wissensbestand über japanische Gartenkunstgeschichte nach Paris, sondern auch ein bis ins 19. Jahrhundert zurückreichender Diskurs über die japanische Moderne. Noguchi, der die Heimat seines Vaters aus frühester Kindheit kannte, das Land aber erst 1931 auf einer von der Guggenheim Foundation ermöglichten Asienreise wiedergesehen hatte, um schließlich nach dem Ende des 2. Weltkriegs als prominenter US-amerikanischer Künstler erneut nach Japan zu gehen, fungierte für diesen Diskurs als westlicher Übersetzer.[21]

Als Noguchi betonte, dass gerade jene Teile des Pariser Gartens, deren Formen gar nicht japanisch aussähen, gleichwohl „truly Japanese" seien,[22] bezog er sich auf eine Diskussion, mit der er in den 1950er Jahren am Industrial Arts Research Institute (IARI) in Sendai in Berührung gekommen war. Dort war man zu der Überzeugung gelangt, dass Japan, um auf den internationalen Märkten reüssieren zu

16 So argumentiert Uchiyama, Naoko: Le „jardin de l'UNESCO" d'Isamu Noguchi, in: Fiévé, Nicolas; Jacquet, Benoît (Hg.), *Vers une modernité architecturale et paysagère. Modèles et savoirs partagés entre le Japon et le monde occidental*, Paris 2013, S. 295–312.

17 Heian-Zeit: 794–1185.

18 Noguchi, Isamu: Unesco Gardens in Paris, in: *arts & architecture* (January 1959), S. 12–13, hier S. 12.

19 Ebd.

20 Morse, Edward Sylvester: *Japanese Homes and their Surroundings* [1886], Tokio 1972, S. 275.

21 Dass er ein „Übersetzer zwischen Ost und West" sein wollte, formulierte Noguchi bereits 1927. Apostolos-Cappadona, Diane; Altshuler, Bruce (Hg.): *Isamu Noguchi: Essays and Conversations*, New York 1994, S. 17.

22 Isamu Noguchi zit. in: N.N.: Garden of Peace, in: *The UNESCO Courier* (November 1958), S. 32–33, hier S. 33.

schaft entlassenen nah- und fernöstlichen Staaten reagieren, die eine vermittelnde Position zwischen den Fronten des Ost-West-Konflikts anstrebten.[35] Dementsprechend hieß es in dem anlässlich der Eröffnung des Pariser Hauptgebäudes veröffentlichten Sonderheft des *UNESCO Courier* über den japanischen Friedensgarten: „The visitor to UNESCO House who leaves the conference building … enters a new hemisphere and emerges into Orient. Here is a Japanese garden with its invitation to meditation."[36]

Der japanische Garten war ein Friedensgarten, aber seine modernen Steine transportierten auch die Rhetorik des nationalistischen und des imperialistischen Japan. Denn die These von der Modernität des alten Japan, die ihren Ausdruck in den traditionellen Künsten wie der Gartenarchitektur findet, und die Idee, dass Japan das „Heimatland der Abstraktion" sei,[37] gehen auf die Zeit der japanischen Nationalstaatsbildung um 1900 zurück. Damals begründete der einflussreiche Kunsthistoriker und Kulturfunktionär Kakuzô Okakura, der zu den Vordenkern des Panasianismus zählt und dessen Thesen zur Legimitation der japanischen Kolonialherrschaft in der „großostasiatischen Wohlstandssphäre" dienten,[38] die kulturelle Vorrangstellung Japans damit, dass das Land die Vergangenheit aller asiatischen Zivilisationen lebendig bewahrt habe.[39] Außerdem behauptete Okakura, dass die Ästhetik der Moderne in der vom Zen-Buddhismus beeinflussten Kunst der Muromachi-Zeit vorweggenommen sei und dass im Osten – anders als im Westen – Geist und Material niemals entzweit gewesen seien, sondern nur unterschiedliche Formen der Vereinigung kennen würden.[40] In den 1950er Jahren tauchten Okakuras Thesen dann u.a. bei Protagonisten der japanischen Traditionsdebatte oder in den damals von vielen Künstlern im Umfeld des Abstrakten Expressionismus begeistert gelesenen Schriften von D. T. Suzuki wieder auf.

Im Kontext des Kalten Krieges, in dem die Abstraktion zum Instrument der westlichen Kulturpolitik wurde,[41] konnte der moderne japanische Friedensgarten auf dem Gelände des neuen Pariser Hauptsitzes der UNESCO eine ganze Reihe von Funktionen erfüllen und unterschiedliche Interessen befriedigen: Er diente der symbolischen Stärkung des westlichen Blocks in Asien, weil Japan, das lange

35 Vgl. ebd.
36 N.N. 1958 (wie Anm. 22), S. 32.
37 Hasegawa, Saburô: Koten wa wareware no mono dearu, in: *Jiyû Bijutsu* 2 (1940), S.1, zit. n. Kajiya, Kenji: Posthistorical Traditions in Art, Design, and Architecture in 1950s Japan, in: *World Art* 5.1 (2015), S. 21–38, hier S. 26. Der abstrakte Maler und Kunstkritiker Hasegawa, mit dem Noguchi 1950 die Gärten von Kioto besichtigte, hatte geschrieben, Japan habe „schon vor 400 Jahren verwirklicht", was die „westliche Avantgarde erst Anfang des 20. Jahrhunderts erreicht" habe.
38 Siehe dazu Tankha, Brij: *Okakura Tenshin and Pan-Asianism. Shadows of the Past*, Folkestone 2008.
39 Okakura, Kakuzo: *Die Ideale des Ostens* [1903], Leipzig 1923, S. 22.
40 Wolff 2015 (wie Anm. 23), S. 78ff.
41 Vgl. Guilbaut, Serge: *How New York Stole the Idea of Modern Art. Abstract Expressionism, Freedom and the Cold War*, Chicago 1983.

als Paradigma des Ostens gegolten hatte, jetzt politisch und militärisch auf einmal zum Westen zählte und die asiatische Front des Ost-West-Konflikts darstellte. Japan präsentierte sich mit dem Garten als Vermittler zwischen den Fronten des Kalten Krieges und als friedfertige Kulturnation im Kreis der Vereinten Nationen, aus deren Vorläuferinstitution, dem Völkerbund, es 1933 ausgetreten war. Indem Noguchis Garten ästhetische Korrespondenzen zwischen Osten und Westen und sogar die Übereinstimmung zwischen japanischer Tradition und westlicher Moderne zu belegen schien,[42] konnte er auch die kulturelle Versöhnung zwischen Japan und den USA nach dem Ende des Zweiten Weltkriegs bezeugen.

## Auf der Plaza der Chase Manhattan Bank: Durabel und dennoch formbar, immobil und doch beweglich

Nur wenige Jahre später sollte Isamu Noguchi für eine der damals größten Banken der Welt einen weiteren Garten realisieren, den er als „seinen Ryôan-ji" bezeichnete.[43] Die Arbeit mit dem Titel *Sunken Garden* entstand zwischen 1961 und 1964 und befindet sich auf der Plaza der Chase Manhattan Bank im dicht bebauten Financial District von New York. Das runde Bassin des *Sunken Garden* liegt mehr als ein Stockwerk unter dem Niveau der Plaza, auf Höhe der Schalterhalle der Bank, über dem riesigen, in den Fels der Insel Manhattan getriebenen Tresorraum.[44] Auf dem Grund des Bassins bildet helles Granitpflaster, auf dem sieben ungewöhnlich geformte Basaltsteine aus dem Uji-Fluss in Kioto liegen,[45] ein Muster, das an die in Kies oder Sand geharkten, Wasser symbolisierenden Muster der Trockenlandschaftsgärten erinnert (Abb. 6). Aber der *Sunken Garden* ist nur im Winter ein Trockengarten. Im Sommer verwandelt er sich in einen Brunnen. Über das steinerne Wellenmuster des Pflasters strömt dann Wasser und steigt in Fontänen aus den von der Kraft des Uji perforierten Basaltsteinen empor.

Wie der Garten des Ryôan-ji-Tempels, der als Fotografie ins kollektive Gedächtnis der 1950er und 60er Jahre einging und so zum Inbegriff des „Zengartens" wurde, ist auch der *Sunken Garden* nur visuell zugänglich. Er ist als Bild konzipiert, das von oben, von der Plaza aus oder in einem Moment meditativer Versenkung durchs Glas der Schalterhalle hindurch zu betrachten ist (Abb. 7). Ähnlich wie Tange bei seiner Gestaltung des Innenhofs der Präfekturverwaltung von Kagawa hatte Noguchi bereits in Paris angestrebt, die Privatheit japanischer Gärten

42 In diesem Sinne verstand den Garten Takiguchi, Shûzô: Seiyô no naka no Tôyô, Tôyô no naka no Seiyô (Osten im Westen, Westen im Osten), in: ders.: *Korekushon Takiguchi Shûzô*, hg. von Ôoka, Makoto, Bd. 10, Tokio 1991, S. 276–278.

43 Noguchi 1968 (wie Anm. 30), S. 166.

44 Tanner, Odgen; Allison, David; Blake, Peter: The Chase. Portrait of a Giant, in: *Architectural Forum* 115.1 (1961), S. 66–95, hier S. 69.

45 Noguchi 1968 (wie Anm. 30), S. 171.

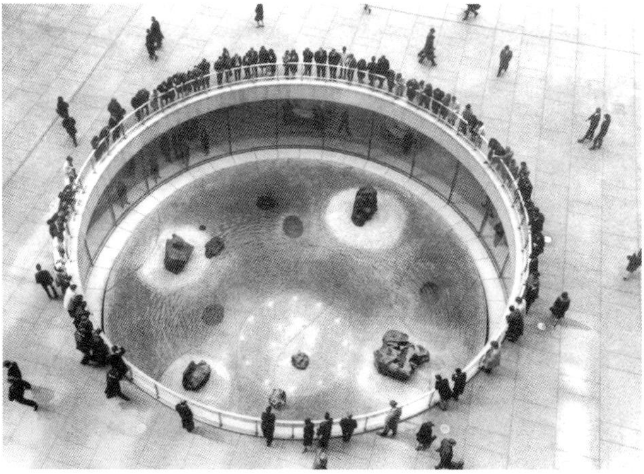

6 | Isamu Noguchi: *Sunken Garden*, Chase Manhattan Bank Plaza, New York, 1961–1964.

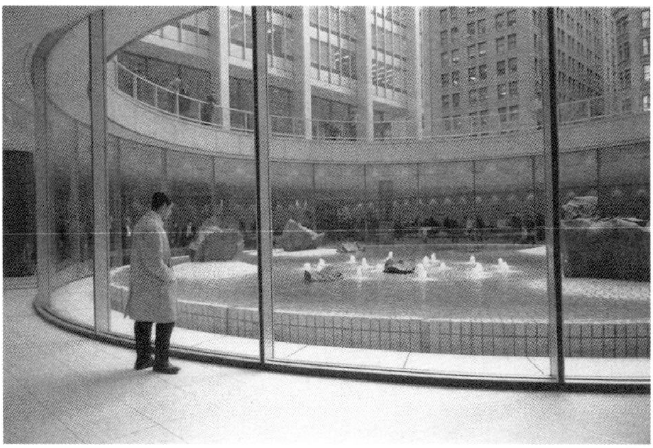

7 | Arthur Levine: Blick auf den *Sunken Garden* aus der Schalterhalle der Chase Manhattan Bank, Fotografie um 1965.

mit der Öffentlichkeit europäischer Platzgestaltung zu fusionieren.[46] In Paris und in Kagawa liefen diese Versuche auf die Öffnung des japanischen Gartens hinaus; UNESCO-Mitarbeiter und Besucher der Präfekturverwaltung können die Gärten, die als Bindeglied zwischen verschiedenen Gebäuden fungieren, betreten. In New York verhält es sich umgekehrt, hier führt die Beschränkung des Zugangs zum *Sunken Garden* auf den Blick zu einer Reprivatisierung des eigentlich öffentlichen Raums der Plaza. In seiner reinen Bildlichkeit ist der *Sunken Garden* daher nicht nur typisch für die zeitgenössische Tendenz, Architektur als Bild zu verstehen, son-

46 Noguchi 1959 (wie Anm. 18), S. 12.

dern auch für eine Entwicklung, die auf die „Privatisierung von Kunst und Natur im öffentlichem Raum“[47] hinausläuft.

Für die von David Rockefeller geleitete Chase Manhattan Bank, die als internationale Großbank am japanischen Wiederaufbau und dem japanischen Wirtschaftswunder der 1960er Jahre beteiligt war,[48] stellte Noguchis *Sunken Garden* kulturelles Kapital dar. Seine harten, vom schnell fließenden Wasser des Uji über lange Zeit geformten Basalte konnten dem damals bereits zunehmend elektronisch abgewickelten, immateriell erscheinenden Bankgeschäft den Anschein von Dauerhaftigkeit und Solidität verleihen.[49] Zugleich mobilisiert das Wellenmuster auf dem Boden des *Sunken Garden* die einzementierten Steine und das sommerliche Fließen, die Bewegung des Wassers im Kreisrund des Bassins verspricht unerschöpfliche Liquidität.

Von der Plaza aus betrachtet wirken die Steine des *Sunken Garden* wie kleine, aus dem Meer auftauchende Inseln. Aus dieser Perspektive, die mehr derjenigen aus dem Flugzeug gleicht[50] als dem Blick, den Mönche und Touristen von der leicht erhöhten Veranda des Tempels auf den Steingarten des Ryôan-ji werfen, erinnern die Flusssteine an ihre Herkunft von den japanischen Inseln, ihren Weg übers Meer und daran, dass der *Sunken Garden* sich selbst auf einer Insel, auf der Südspitze der Insel Manhattan befindet. Die so hergestellte Verbindung zwischen Mikro- und Makrokosmos (zwischen Fluss und Meer, Stein und Insel) inszenierte Noguchi auch auf einer weiteren Ebene. Denn außer an Inseln im Meer erinnert das Rund des *Sunken Garden* mit seinen bizarr geformten Steinen und den kraterartigen Vertiefungen noch an eine ganz andere, damals medial ungeheuer präsente, viel weiter als Japan entfernt liegende Landschaft: den Mond, um dessen Eroberung die USA mit der Sowjetunion wetteiferten. „I've built a moonscape“[51], erklärte Noguchi 1963 dem *New* Yorker und erweiterte das vom *Sunken Garden* etablierte Mikro-Makrokosmos-Verhältnis mitsamt seiner kapitalistischen und machtpolitischen Implikationen leichterhand bis ins Weltall, als er wenig später schrieb: „I can see that looking down on the garden with its water flowing will be like looking into a turbulent seascape from which immobile rocks take off for outer space.“[52]

47 Wagner, Monika: Die Plazas von Manhattan. Privatisierung von Kunst und Natur im öffentlichen Raum, in: *kritische berichte* 19.4 (1991), S. 38–51.
48 Wilson, John Donald: *The Chase Manhattan Bank*, N.A. 1945–1985, Boston 1986, S. 33; Rockefeller, David: *Erinnerungen eines Weltbankiers*, München 2008, S. 340–341.
49 Vgl. Tanner; Allison; Blake 1961 (wie Anm. 44), S. 73.
50 Auch Shigemori konzipierte seine Gärten erklärtermaßen für die Betrachtung vom Flugzeug aus. Shigemori, Mirei; Shigemori, Kanto: *The Artistic Garden of Japan/Nihon no teien geijutsu*, Bd. 3, Tokio 1957, S. 107.
51 Noguchi zit. in: Total Sculpture, in: *The New Yorker* 39.43 (14.12.1963), S. 46, zit. n. Bert Winther-Tamaki: *Art in the Encounter of Nations. Japanese and American Artists in the Early Postwar Years*, Honolulu 2001, S. 166.
52 Noguchi, Isamu: New Stone Gardens, in: *Art in America* 52.3 (1964), S. 89.

## Relocated: Translozierte Steine und ikonografische Schwierigkeiten

In Mure, einem kleinen Ort auf der japanischen Insel Shikoku, unterhielt Noguchi seit 1969 ein Atelier, in dem er, zusammen mit einem dort ansässigen Steinmetz, beinahe ausschließlich mit Basalt und anderen vulkanischen Hartgesteinen arbeitete. Mure befindet sich nur unweit von Tokushima, wo Noguchi von Mirei Shigemori in die Kennerschaft der Gartensteine eingeführt worden war und von wo ein Teil der Steine für den UNESCO-Garten stammt.[53] Aus dem von Noguchi seit dieser Zeit praktizierten Im- und Export japanischer Steine hatte sich eine enge Bindung an die für ihre Steinindustrie und ihr Steinmetzhandwerk bekannte Gegend in der Präfektur Kagawa entwickelt.

Noguchis hauptsächlich in Mure entstandenen abstrakten Skulpturen gehen in der Regel von der natürlichen polygonalen Säulenform des Basalts aus und zeichnen sich durch den Kontrast von natürlich verwitterten und künstlerisch bearbeiteten, grob bossierten oder hoch polierten Oberflächen aus. Basalt ist ein äußerst harter und dichter Stein, der nur schwer zu bearbeiten ist. Im Kontakt mit anderen Stoffen kommt es an den Abkühlungsflächen des vulkanischen Gesteins häufig zur Absonderung eisenreicher Materialien. Die unbearbeitet gebliebenen, rötlich-braun gefärbten, leicht schuppigen Oberflächen der Basaltskulpturen sind das Ergebnis solcher Oxidationsprozesse, die im Laufe der Zeit Stein zu Erde verwittern lassen.

Weltweit ist Basalt das am häufigsten vorkommende vulkanische Gestein und hat in den mittelamerikanischen Hochkulturen, im alten Ägypten, Indien oder dem nahen Osten eine lange bildhauerische Tradition. Anders in Europa. Zwar wurde es im Rom des 1. und 2. nachchristlichen Jahrhunderts eingesetzt, um die patinierten Bronzen der Klassik nachzuahmen,[54] häufigere Verwendung erfuhr Basalt jedoch erst in der abstrakten Bildhauerei des 20. Jahrhunderts. Ende des 19. Jahrhunderts hatten Ästhetiker wie der idealistische Philosoph Friedrich Theodor Vischer das Gestein mit dem Orient verbunden und eine Reihe von Argumenten aufgeboten, die es für die abendländische Skulptur ungeeignet erscheinen ließen.[55] Obwohl magmatische Gesteine aufgrund der geologischen Gegebenheiten Japans häufig vorkommen, spielt Basalt auch in der historischen japanischen Bildhauerei, die in Holz oder Trockenlack ausgeführt wurde, keine Rolle. Als Gartensteine werden harte vulkanische Gesteine in Japan allerdings öfters eingesetzt.[56]

53 Duus 2004 (wie Anm. 8), S. 277.

54 Reutersward, Patrik: *Studien zur Polychromie der Plastik. Polychromie in Griechenland und Rom. Untersuchungen über die Farbenwirkung der Marmor- und Bronzestatuen*, Stockholm 1960, S. 139–140.

55 Vischer, Friedrich Theodor: *Aesthetik oder Wissenschaft des Schönen. Dritter Theil: Die Kunstlehre*, Stuttgart 1853, S. 373.

56 Tamura, Tsuyoshi: *Jardin japonais: ses origines et caractères, dessins et plans*, Tokio 1937, S. 92–93.

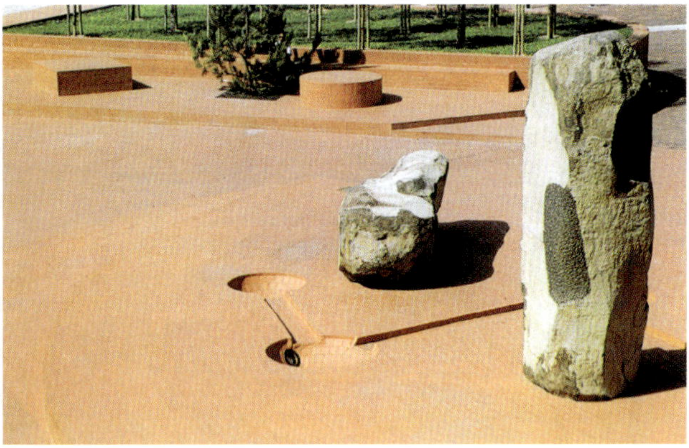

**8** | Isamu Noguchi: *To the Issei*, Japanese-American Cultural and Community Center Plaza, Little Tokyo, Los Angeles, 1980–1983.

Bei der Auswahl der Steine für den UNESCO-Garten hatte Noguchi bewusst missachtet, dass Gartensteine besonders für ihre den ästhetischen Prinzipien von *wabi* und *sabi* entsprechende Patina geschätzt werden.[57] Dagegen trieb er an seinen auf Mure entstandenen Skulpturen eben jene Altersqualität, die tradierterweise den Wert eines japanischen Gartensteins ausmacht, gezielt hervor, indem er Teile der verwitterten Oberfläche des Basalts stehenließ. Es war der Versuch, die ästhetischen Prinzipien der vormodernen japanischen Gartenkunst und eine als typisch „japanisch" verstandene Wertschätzung der entropischen Qualitäten der Natur mit der abstrakten Bildhauerei des 20. Jahrhunderts zu verbinden. Anfang der 1980er Jahre nutzte Noguchi entsprechende Steinoberflächen z.B. in einer Auftragsarbeit für das Japanese-American Cultural and Community Center in Los Angeles. (Abb. 8) Dort dient eine aus zwei japanischen Basaltsteinen von der Insel Shikoku bestehende Skulptur mit dem Titel *To the Issei* der Selbstverständigung der japanisch-amerikanischen Community und erinnert an die als *Issei* bezeichneten Einwanderer der ersten Generation. Noguchi griff damit auf Mirei Shigemoris Idee zurück, die Japaner würden in den Steinen ihre Ahnen verehren, die einstmals übers Meer nach Japan gekommen waren. Nur dass es sich bei den Ahnen, derer auf der Plaza des Japanese-American Cultural and Community Center in Little Tokyo, Los Angeles, gedacht wird, nicht um die legendären Ureinwohner Japans handelt, sondern um die japanischen Einwanderer, die 1941 nach dem japanischen Angriff auf Pearl Harbour in sogenannten *Relocation Camps* interniert wurden. Eines dieser Lager, Manzanar, befindet sich am Fuß der Sierra Nevada in den Bergen nördlich von L. A. Viele der dort Internierten ließen sich nach Kriegsende in Little Tokyo nieder.[58]

57 Noguchi 1957 (wie Anm. 9), S. 153; Tamura 1937 (wie Anm. 56), S. 93–94.

58 Vgl. Esaki, Brett E.: *Enfolding Silence. The Transformation of Japanese American Religion and Art under Oppression*, Oxford 2016, S. 200.

Jahre nach Noguchis Tod entzündete sich zwischen der japanischen und der New Yorker Noguchi Foundation eine Kontroverse über die Deutungshoheit und den adäquaten Umgang mit dem in Mure entstandenen Spätwerk des Künstlers. Die Kontroverse kreist um die Frage, ob die Skulpturen dieser Werkphase konservatorisch und restauratorisch behandelt werden sollen. Die US-amerikanische Foundation ergriff frühzeitig teilweise radikale Maßnahmen, um Verwitterungsprozesse zu verlangsamen, den Zustand der Skulpturen zu konservieren und die Werke, z.B. durch das Einspritzen von Epoxydharzen in die Steine, zu sichern.[59] Hingegen überließ die japanische Stiftung die Skulpturen den Einflüssen der Natur und wässerte sie zudem in regelmäßigen Abständen, was den Erosionssprozess der Steine noch beschleunigt. Sie berief sich dabei auf den Willen des Künstlers und auf eine vom Naturverständnis des Shintoismus und des Zen-Buddhismus geprägte Ästhetik, wie Noguchi sie im Kontext der japanischen Traditionsdebatte in den 1950er Jahren und durch seine Lektüre der Schriften von Okakura und Suzuki kennengelernt hatte. In der bis heute nicht beigelegten Kontroverse beharren beide Stiftungen auf bis zum Klischee verhärteten Positionen: Während die US-amerikanische Foundation, in deren Besitz sich sämtliche, auch die im japanischen Atelier in Mure verbliebenen Arbeiten befinden, die künstlerische Form und damit den materiellen Wert des Werks mit allen Mitteln zu bewahren oder wiederherzustellen sucht, behandelt die japanische Foundation die Skulpturen, an denen natürlich verwitterte und künstlerisch bearbeitete Teile auf die beschriebene Weise miteinander kontrastieren, wie Gartensteine. Es scheint, als würden Noguchis Bemühungen, nationale Ikonografien zu versöhnen und ihre Gegensätze zu überwinden, in der Kontroverse um den Erhalt seiner Werke ihre symbolische Bindekraft verlieren.

Unter dem Titel *Relocated* veranstaltete die New Yorker Foundation 2001 eine Ausstellung mit Skulpturen aus Mure, die in New York entsprechend gesäubert und restauratorisch behandelt worden waren.[60] In *To the Issei* repräsentieren die aus Japan in die USA importierten Steine die japanischen Migranten. Insofern erscheint es geschichtsvergessen, dass die Ausstellung, um auf die räumliche Versetzung der Skulpturen Noguchis aus Japan in die USA hinzuweisen, sich ausgerechnet jenes Begriffs bediente, mit dem die War Relocation Authority (WRA) im Zweiten Weltkrieg die Zwangsumsiedelung der Japanese-Americans bezeichnet hatte. Für Steine ist Translokation kein Problem, für die japanischstämmige US-Bevölkerung, auch für Isamu Noguchi, der sieben Monate in einem Camp in Poston, Arizona, ver-

59 Informationen über diese Maßnahmen, die das Entfernen von Rostausblühungen und biologischem Wachstum bis hin zum Versuch der Wiederherstellung des Originalzustands einschließen, stammen aus Gesprächen der Autorin mit dem verantwortlichen Konservator George Wheeler, der Kuratorin Bonnie Rychlak sowie den im Archiv der New Yorker Noguchi Foundation aufbewahrten Berichten.

60 Ausst.-Kat. *Relocated: Twenty Sculptures by Isamu Noguchi from Japan*, Isamu Noguchi Museum, Long Island City, New York 2001.

brachte, bedeutete die Verschickung und Internierung in Lagern unter Aufsicht des Militärs den Entzug ihrer Grundrechte. Der Ausstellungskatalog, der sich den formalen Charakteristika der ausgestellten Arbeiten Noguchis und ihren Bezügen zur japanischen Ästhetik widmet, unterschlägt den historischen und politischen Kontext, den der Titel aufruft, jedoch vollständig.

Vielleicht ist die historische Amnesie, von der der Katalog zeugt, nicht ganz zufällig. Denn der japanische Garten und die Ästhetik seiner Steine, die Noguchi so anhaltend beschäftigten, haben im Laufe des 20. Jahrhunderts zwar immer wieder konkrete historische und politische Funktionen erfüllt, wie z.B. der UNESCO-Garten dazu dienen sollte, die unmittelbare Vergangenheit vergessen zu machen. Die Bedingung dafür aber war, dass Garten und Steine als gleichermaßen uralt wie modern, zeitlos und transhistorisch wahrgenommen wurden – als könnten eine kulturelle Form und ihre Bedeutung tatsächlich unverändert vom Mittelalter bis in die Gegenwart überdauern.

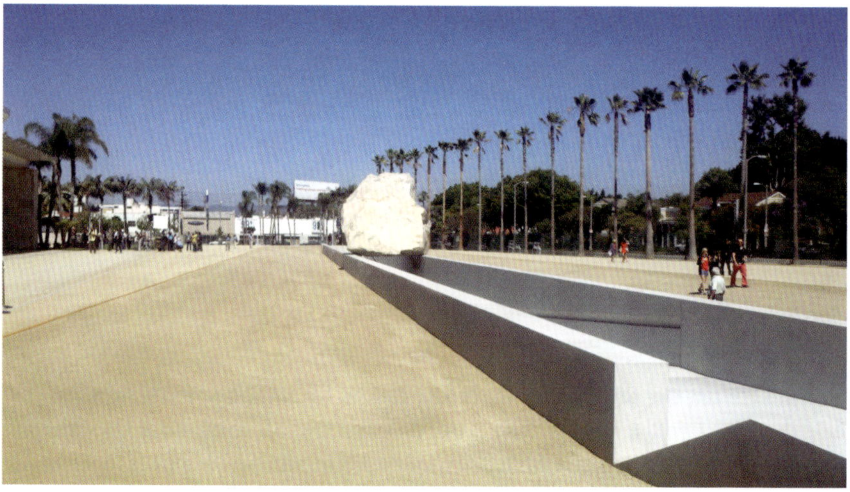

1 | Michael Heizer: *Levitated Mass*, 2012. Diorit, Granit, Beton, 10,67 × 138,98 × 6,6 m, Gewicht: 340 t, Los Angeles County Museum of Art.

Der Stein wird als Skulptur geradezu epischen Ausmaßes in der Tradition antiker Megalithen diskutiert, was einer biographisch argumentierenden Kunstgeschichte und -kritik naheliegend erscheint, da Heizers Vater die Archäologie Nord- und Südamerikas erforschte und seine „Familie seit Generationen im Bergbau und Hüttenwesen tätig" war.[3] Außerdem heißt es, es handele sich um einen in die dicht besiedelte Stadt verlagerten Bestandteil der abgelegenen Wüste, in der schon vor Jahrzehnten mystisch aufgeladene „Meditationszonen für den reizübersättigten Menschen der Gegenwart" herbeigesehnt wurden, mit denen die Betrachter sich nun auf den Museumsbesuch einstimmen können.[4] Zugleich gilt die Installation, die mit zehn Millionen US-Dollar spendenfinanziert wurde, als gewaltige Geldverschwendung, *Rocky Horror* oder, wie schon in den 1970er Jahren über Heizers Arbeiten mit großen Steinen geschrieben wurde, als *Boulderdash!*, aber trotzdem begeisterte der Stein bereits während seines Transports Massen von Zuschauern.[5] Was legitimiert heute einen unbearbeiteten Stein als Kunstwerk?

3 Vgl. Finkel, Jori: Michael Heizer's Calling Is Set in Stone, in: *Los Angeles Times*, (25.5.2012), http://articles.latimes.com/2012/may/25/entertainment/la-et-lacma-rock-sculptor-20120525; Strelow, Hans: Die Galerie in der Wüste. Land Art in Nevada, in: *Frankfurter Allgemeine Zeitung*, Nr. 187 (15.8.1970).

4 Knight, Christopher: Review: LACMA's New Hunk "Levitated Mass" Has Some Substance, in: *Los Angeles Times* (22.6.2012), http://articles.latimes.com/2012/jun/22/entertainment/la-et-knight-heizer-rock-20120623; Strelow 1970 (wie Anm. 3).

5 Chianese, Robert Louis: Levitated Mass: Taming Rocks in a Concrete Jungle, in: *American Scientist*, Bd. 101, Nr. 4 (2013), S. 268; Bongartz, Roy: It's Called Earth Art – and Boulderdash, in: *New York Times Magazine* (1.2.1970), S. 16–17, 22–30, S. 16.

Der Transfer zwischen Stadt und Land, zwischen dem Kunst- und Ausstellungsraum und der Wüste, lässt sich als Charakteristikum der Land Art verstehen. Sie wurde in Abgrenzung zu den Städten definiert und vermied sowohl mit den kunstfernen Materialien als auch mit den abgelegenen Gegenden, in denen sie aufgrund der schieren Größe einiger Arbeiten auch aus pragmatischen Gründen zu finden war, die Städte, Museen und Galerien, hatte dort jedoch zugleich einen prominenten Ort.[6] So wurden die oft schwer zugänglichen oder ephemeren Arbeiten bereits in den 1960er Jahren beispielsweise anhand von Fotografien im Kunst- und Ausstellungsraum gezeigt und einige auch in den Städten realisiert. Steinblöcke wurden seit jeher unter großem Aufwand als Material für Architektur und Skulptur von den Steinbrüchen in die Städte transportiert, aber Heizers Rohling wurde dort nicht wie üblich weiterverarbeitet. Der vom Steinbruch in die Stadt verlagerte und dort nicht bearbeitete Stein lässt sich als eine Verschränkung von Stadt und Natur verstehen, die die Verbindung der Land Art mit urbanen Räumen markiert. Zu fragen ist, welche Bedeutung dem Transfer zukam und welchen Bedeutungszuwachs er initiierte.

## Naturspolien

Der Transport des kalifornischen Steins erforderte mehrere Jahre Planung und ein eigens im Steinbruch um den Block herum konstruiertes Gefährt von rund 80 Metern Länge, verteilt auf etwa 200 Räder (Abb. 2). Der signalrote Hubkran fuhr, umstrahlt von blinkenden Warnleuchten, eskortiert von der Polizei und mehreren Mitarbeitern, die den Stein wie Leibwächter flankierten, mit Schrittgeschwindigkeit elf Nächte und aufgrund notwendiger Umwege wegen seiner Größe und seines Gewichts über eine Strecke von knapp 170 Kilometern durch mehrere Städte. Er parkte tagsüber am Straßenrand und wurde von Paraden begeisterter Schaulustiger empfangen. Die Überführung, die in den Städten, in der US-amerikanischen Presse, im Fernsehen und im Internet große Aufmerksamkeit erregte, habe, so fesselnd sie auch gewesen sein mag, mit der Bedeutung der Arbeit nichts zu tun, erklärte der Museumsdirektor des LACMA in einem Interview. Sie werde allmählich in Vergessenheit geraten, wohingegen der 150 Millionen Jahre alte Stein das einmalige Ereignis weit überdauere und Heizers Vorstellung zufolge in seiner jetzigen Lage unbeweglich und fest montiert für die nächsten 3500 Jahre

6 Vgl. Kaiser, Philipp; Kwon, Miwon: Ends of the Earth and Back, in: Ausst.-Kat. *Ends of the Earth. Land Art to 1974*, The Museum of Contemporary Art, Los Angeles 2012, S. 17–31, S. 21, 27; Smithson, Robert: Discussions with Heizer, Oppenheim, Smithson, in: Holt, Nancy (Hg.), *The Writings of Robert Smithson*, New York 1979, S. 171–178, S. 171.

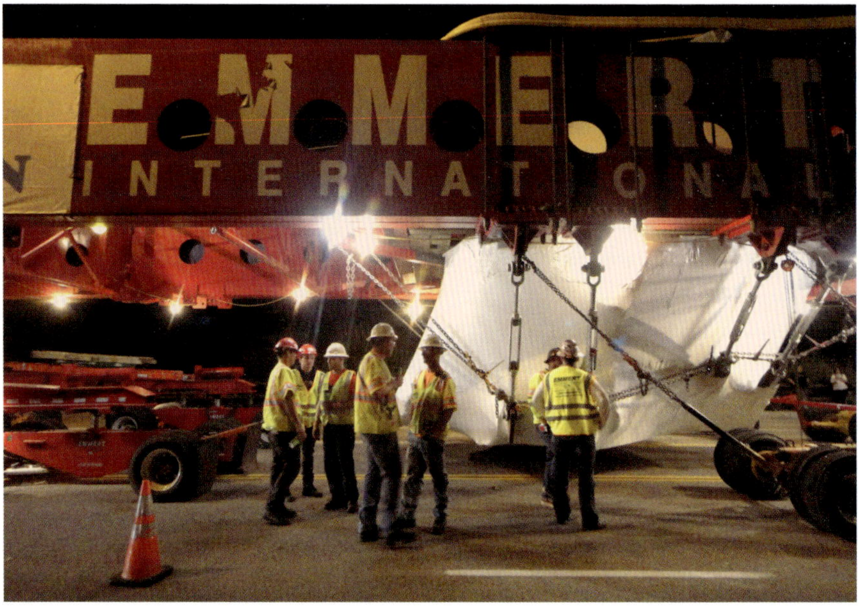


2 | Transport des Felsblocks zum Los Angeles County Museum of Art, 2012.

bestehen bleibe.[7] Die mit immensem Aufwand betriebene Überführung, die Heizer nicht beaufsichtigte, gehört demzufolge nicht zum Werk.[8] Trotzdem suggerieren die Unterschiede zwischen dem Granit und seiner jetzigen Umgebung, beispielsweise im Hinblick auf das Alter des Materials oder die Größe und Form des rohen Felsens, durchaus den „massive stone transport", von dem Heizer in einem früheren Interview schwärmte.[9] Der unbearbeitete Granit steht in extremem Kontrast zu den maschinell bearbeiteten Oberflächen seiner dicht bebauten innerstädtischen Umgebung, dem feinen, homogenen, auf dem Museumsgelände verteilten Granitkies und den glatten Betonwänden des Grabens, die die Gemachtheit der Installation vorführen. Seine Grobheit, die im Steinbruch gar nicht auffiele, kommt erst durch die Konfrontation mit den bis ins letzte Detail gestalteten Materialien zur Anschauung. Dieser Kontrast verstärkt den Eindruck, der Granitrohling verkörpere die der

7 Vgl. Wagley, Catherine: LACMA Rock. Will We Ever Get Past Its Journey and Focus on the Finished Sculpture?, in: *LA Weekly* (22.3.2012), http://www.laweekly.com/arts/lacma-rock-will-we-ever-get-past-its-journey-and-focus-on-the-finished-sculpture-2174340; Finkel 2012 (wie Anm. 3).
8 Vgl. Finkel 2012 (wie Anm. 3).
9 Vgl. Doherty, Claire (Hg.): *Out of Time, out of Place. Public Art (Now)*, London 2015, S. 63; Deitz, Paula: Downtown in the Desert, in: Ausst.-Kat. *Michael Heizer* 1984 (wie Anm. 1), S. 76–82, S. 78.

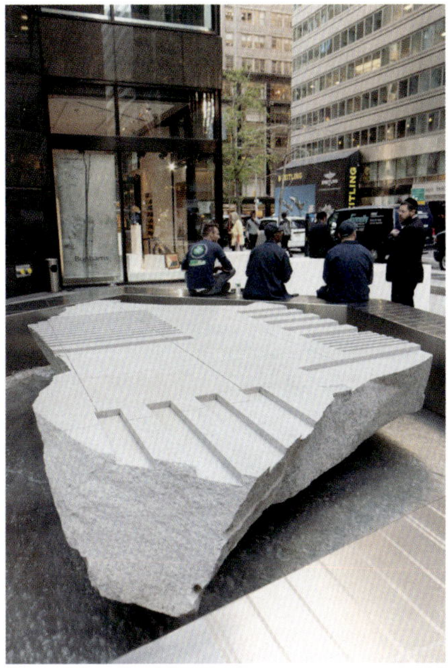

3 | Michael Heizer: *Levitated Mass*, 1982. Granitblock, Edelstahl, fließendes Wasser, 7,7 × 5 × 0,75 m, 590 Madison Avenue, New York, EJM Equities Collection, New York.

„Urnatur" zugesprochene „Roheit, Kraft und Beständigkeit"; erst im Stadtzentrum von Los Angeles mutet der Felsen wie „rohe, ungeformte Natur" an.[10]

Bereits 1969 arbeitete Heizer an dem Entwurf *Levitated Mass*, den er zunächst in der Wüste von Nevada mit einem 120 Tonnen schweren, in den Bergen gefundenen Granitbrocken auf dem Boden eines ausgetrockneten Sees umsetzen wollte, was jedoch an einem gebrochenen Kran scheiterte. Unter demselben Titel (Abb. 3) installierte er 1982 mitten in New York einen elfeinhalb Tonnen schweren Granitstein, über dessen Transport aus dem Steinbruch in Vermont nichts bekannt ist.[11] Zwischen der Straße und dem Eingang zum überdachten Innenhof des IBM-Hochhauses in Midtown Manhattan liegt in einem fünfeckigen Edelstahlbassin der unregelmäßig geformte Stein, den ein waagerechter Wasserstrom anzuheben scheint. Während dessen Getöse den Straßenlärm mit einem an Wasserfälle erinnernden „Naturrauschen" zu übertönen vermag, mutet der Granit, aus dem sowohl die Fassade des Hochhauses als auch Manhattans geologisches Fundament besteht, wie ein erdgeschichtlicher Zeuge an, der in das „Informationszeitalter" überführt wurde.[12] Der

10 Wagner, Monika: *Das Material der Kunst. Eine andere Geschichte der Moderne*, München 2001, S. 142.

11 Vgl. Hoormann, Anne: *Land Art. Kunstprojekte zwischen Landschaft und öffentlichem Raum*, Berlin 1996, S. 227.

12 Ebd.; Castells, Manuel: *Das Informationszeitalter. Wirtschaft, Gesellschaft, Kultur. Teil 1: Der Aufstieg der Netzwerkgesellschaft*, (engl. 1996) Opladen 2003, S. 231–237.

Stein besitzt, anders als das gleichnamige Exemplar vor dem LACMA, eine glatt geschliffene Oberfläche, in die an den Rändern parallele Streifen gefräst sind. Im Unterschied zu den Bohrlöchern, die Ulrich Rückriem an den Kanten seiner Steinblöcke sichtbar ließ, erinnern sie, auch angesichts der Lage vor dem IBM-Gebäude, an Anschlussleitungen auf Mikrochips. Heizer erklärte, dem geschliffenen, folglich technisch bezwungenen, ebenfalls importierten Granit der umliegenden Fassaden ein Gestein entgegenzusetzen, das zwar auch bearbeitet, aufgrund seiner erhaltenen Form jedoch „nicht völlig getötet" sei.[13] In den Plazas von Manhattan, den öffentlich genutzten Vorplätzen und Foyers der Bürohochhäuser, fungieren Wasser, Pflanzen und Steine als „Versatzstücke der Natur".[14] Sie ließen sich, da ihr Transfer dorthin gerade nicht aufwendig inszeniert wurde, scheinbar mühelos in die technisierte Großstadt integrieren, als sei die Natur dort nie verloren gewesen. Im Gegensatz zum kalifornischen Felsen vor dem LACMA handelt es sich bei den in New York verwendeten Steinen um wesentlich kleinere Exemplare oder um bearbeitetes Gestein, das auf Hochglanz poliert Mobiliar abgibt und Fassaden furniert.

Im unweit von Los Angeles in der Wüste gelegenen Palm Springs, wo sich seit den 1950er Jahren die Stars der kalifornischen Film- und Unterhaltungsindustrie entspannten, suggerierte die Kombination von modernem Bauen und unbehandelten Steinen Naturnähe. Die Architektur der *frontier of leisure* zielte mit neuester Klimatechnik und modernen Baumaterialien wie Stahl, Beton und Glas auf Komfort, dessen Exklusivität durch den Kontrast mit dem rauen Wüstengestein vor Augen geführt wurde, wie beispielsweise in der Villa, die der Architekt Albert Frey 1946 für den Industriedesigner Raymond Loewy entwarf (Abb. 4).[15] Die Junggesellenbude besteht aus mehreren Räumen, die um den zentralen, unter freiem Himmel liegenden Swimmingpool gruppiert sind. In den Pool, der sich bis in das Wohnzimmer erstreckt, sind mehrere rohe, auf dem Bauplatz vorgefundene Felsen eingelassen, so dass sie wie natürliche Inseln aus dem betonierten Becken ragen, das abends wie eine blaue Lagune zu leuchten beginnt. Die Steine dieser als *desert modernism* verstandenen Architektur des westamerikanischen *lifestyle* bilden aufgrund ihrer derben Formen und unbearbeiteten Oberflächen einen rustikalen Kontrast zu den glatten Baumaterialien der Moderne.[16] Sie sind als lokales Material in die moderne Architektur integriert und vergewissern als „Naturspolie" an ihrem angestammten Ort, wie exzeptionell der Komfort, die grünen Rasen, die bewässerten Palmen, Schwimmbecken und wohltemperierten Wohnräume in der Wüste sind.[17]

13 Hoormann (wie Anm. 11), S. 227.

14 Wagner, Monika: Die Plazas von Manhattan. Privatisierung von Kunst und Natur im öffentlichen Raum, in: *kritische berichte*, Bd. 19, Nr. 4 (1991), S. 38–51, S. 38.

15 Culver, Lawrence: *The Frontier of Leisure. Southern California and the Shaping of Modern America*, Oxford 2010, S. 182.

16 Vgl. ebd., S. 182 ff.

17 Wagner 2001 (wie Anm. 10), S. 142.

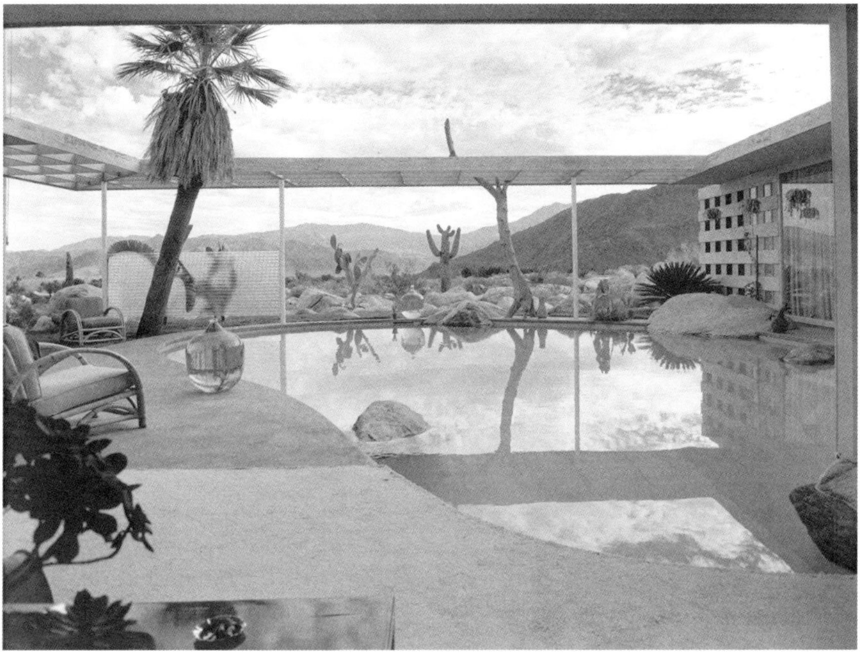

4 | Julius Shulman: *Job 7. Loewy House*, 1947. Fotografie von Albert Frey & John Porter Clark: *Loewy House*, Palm Springs, 1946–1947, The Getty Research Institute, Los Angeles.

Diese mit rohen Steinen gestaltete Naturnähe ruft im dritten Jahrtausend in Kalifornien einen anderen Kontext auf. Heizers Felsen (Abb. 1) liegt in der nordwestlichen Ecke des umzäunten Museumscampus auf einer weiten freien Fläche, die er überragt. Das künstliche Ödland wird im Norden von einer 2010 parallel zur Straße angepflanzten Reihe exotischer Palmen, die Robert Irwins *Palm Garden* ergänzen und im Westen von einer der größeren nordsüdlichen Durchfahrtstraßen in Central LA begrenzt und geht im Süden in das Ensemble der verschiedenen Museumsgebäude im prosperierenden Geschäftsviertel Miracle Mile über. Der Graben ist auf der weiten Fläche schräg, scheinbar unabhängig von den umliegenden Straßen und Bauten angeordnet, so dass er weder parallel zum benachbarten Museumstrakt noch in der Diagonale des Campus liegt, als handele es sich um ein Stück allmählich umbauten Geländes. Im Unterschied zum begrünten Rest der Anlage und dem angrenzenden Hancock Park samt seiner Asphaltsümpfe wurde der flache Grund um den Graben leicht abgesenkt und mit einem feinen Granitschotter planiert, dessen helle Farbe der des Felsens ähnelt. Das Museumsgelände mutet mitten in Los Angeles, das klimatisch nicht als Wüstenzone gilt, wie eine karge wüstenartige Insel an. Die künstliche Wüstenei scheint ein Musterbeispiel der letzten kalifornischen Dürre zu sein und

Heizers Felsen folglich eine „Ikone des Klimawandels".[18] Derbe Steine, die in den 1940er Jahren in der kalifornischen Architektur Luxus verkörperten, muten heute angesichts der Klimaveränderungen wie die Überreste einer zerstörten Natur an.

Zugleich beschwört der Felsen in Los Angeles noch immer den Ruf Kaliforniens als *Last Frontier*.[19] Die Wüsten, die sich über weite Teile des Westens der USA erstrecken und bisweilen bizarre Felsformationen aufweisen, gehören seit der europäischen Besiedlung des nordamerikanischen Kontinents zum Inbegriff der *frontier*.[20] Sie galten trotz der dort angelegten Militärstützpunkte, den Atomwaffentestanlagen und Großbauprojekten wie dem Hoover Dam auch in der zweiten Hälfte des 20. Jahrhunderts noch als exotischer Ort – ein in zahlreichen Filmen bestätigtes Image des weiten wilden Westens, das der in Berkeley geborene Heizer mit Cowboystiefeln und -hut auch während seiner Aufenthalte in New York pflegte.[21] Dort, wo die den europäischen Ankömmlingen bis dato unbekannte Landschaft keine Orte von historischer Bedeutung bot, geriet sie selbst zur Sehenswürdigkeit. So wurden erratische Blöcke, erodierte und große Steine wie all die auf Postkarten verbreiteten *Castle Rocks*, *Giant Rocks* und *Balancing Rocks* zu touristischen Zielen des ideologisch aufgeladenen Grenzlands und von den Ureinwohnern Nordamerikas verehrte Felsen wie der El Capitan genannte Tu-tock-ah-nu-lah im Yosemite Nationalpark in profane Attraktionen überführt.[22] Über seinen balancierenden Felsen notierte Heizer 2011 auf einer Skizze, die dessen Lage auf den Betonwänden zeigt: „Megalith from Jurupa Mtns […] adds third-dimensional view / access to object from beneath / all around. Destroys ‚Gestalt' concepts."[23] Der unbearbeitete Stein, den man unterwandern und von allen Seiten betrachten kann und der, vom Graben aus gesehen, bei niedrigem Sonnenstand über dem Himmelskörper zu schweben scheint, soll die normative, in den 1960er Jahren diskutierte ästhetische Kategorie der „Gestalt" untergraben, derzufolge ein Werk eine Form besitzen müsse, deren Bedeutung sich unmittelbar durch den Sehsinn erschließe.[24] Heizer verortete die ungewohnte Seherfahrung des rohen Felsens in der US-amerikanischen Kunsttheorie und Ästhetik; vordem gehörte sie zu den touristischen

18 Krasznahorkai, Kata: Kein Land in Sicht. Der Klimawandel, der BND und das Ende der Land Art, in: Fehrenbach, Frank; Krüger, Matthias (Hg.), *Der achte Tag. Naturbilder in der Kunst des 21. Jahrhunderts*, Berlin 2016, S. 59–74, S. 74.

19 Durrenberger, Robert: *California. The Last Frontier*, New York 1969.

20 Vgl. Boettger, Susan: *Earth Works. Art and the Landscape of the Sixties*, Berkeley, Los Angeles, London 2002, S. 104.

21 Myers, Julian: Earth Beneath Detroit, in: Ausst.-Kat. *Ends of the Earth* 2012 (wie Anm. 6), S. 129–149, S. 138; Boettger 2002 (wie Anm. 20), S. 110, 113.

22 Vgl. Sears, John F.: *Sacred Places. American Tourist Attractions in the Nineteenth Century*, New York, Oxford 1989, S. 4, 152. Vgl. auch die Postkartensammlung *Boulders of the United States* in http://www.mindat.org/g/86, letzter Zugriff am 28.4.2017.

23 Vgl. Jaffe 2012 (wie Anm. 2).

24 Vgl. Greenberg, Jeanne: Michael Heizer. Breaking New Ground, in: *Splash Magazine* (Winter 1987), S. 12–14, S. 13; Arnheim, Rudolf: *Kunst und Sehen. Eine Psychologie des schöpferischen Auges*, (engl. 1954) Berlin 1965, S. XIIIf., 34 ff.

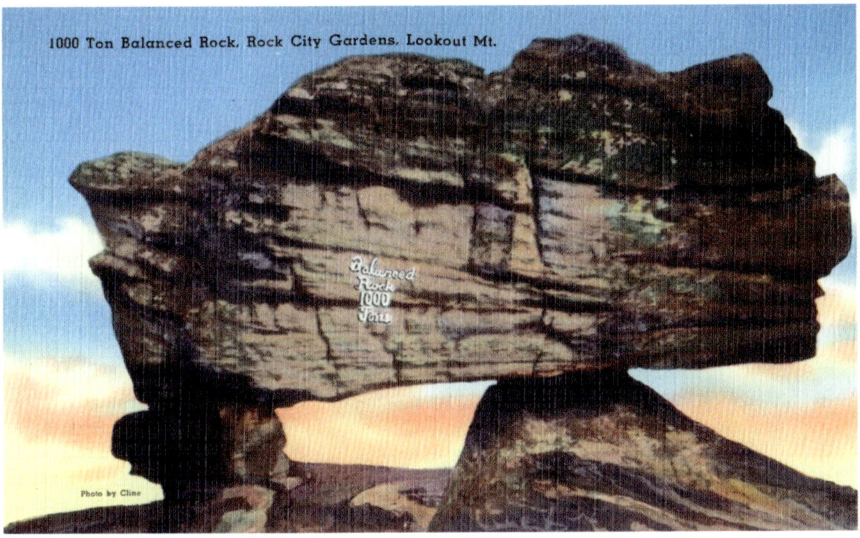


5 | *1000 Ton Balanced Rock, Rock City Gardens, Lookout Mt.*, 1930–1945. Postkarte mit Leinentextur, Boston Public Library, Print Department.

Erlebnissen. So erlangte lange zuvor unter anderem der *Balanced Rock* in Rock City Gardens in Tennessee Berühmtheit (Abb. 5), weil der angeblich 1000 Tonnen schwere Monolith so aufliegt, dass Besucher unter ihm hergehen und dort auf Sitzbänken sogar verweilen können.

Im Unterschied zu diesem stabilen Gleichgewicht widmeten sich Peter Fischli und David Weiss dem vermeintlichen Ungleichgewicht von Steinen und entwarfen 2012 die nüchtern betitelte Skulptur *Rock on Top of Another Rock* (Abb. 6), die in mehreren Versionen umgesetzt wurde. Sie besteht aus zwei rohen, aufeinanderliegenden, anscheinend nicht befestigten, sondern lediglich ausbalancierten Findlingen, die zu Mutmaßungen über ihren einstigen Ort, ihren Transport beispielsweise durch Gletscherbewegungen und die dazu nötigen Naturkräfte anregen. Die Skulptur, die später in Doha in Qatar aufgestellt werden sollte und seit einiger Zeit auch vor dem Hauptsitz eines Pharma-Konzerns in Basel steht, erweckt aufgrund der geringen Auflagefläche der beiden Felsen und deren auskragenden Formen den Eindruck eines nur momentanen Gleichgewichts, als könnten die beiden Steine sich, wie die Dinge in Fischli/Weiss' Film *Der Lauf der Dinge*, jeden Moment von selbst in Bewegung setzen. Im Londoner Park Kensington Gardens mögen die beiden unbearbeiteten Steine, bei denen es sich um durch Gletscherbewegungen rund geschliffene walisische Findlinge handelt, an das unweit gelegene jungsteinzeitliche Bauwerk Stonehenge erinnern. In Norwegen hingegen, wo die Arbeit inmitten einer weiten Landschaft an einer der National Tourist Routes aufgestellt wurde, um deren Attraktivität zu steigern, ruft sie andere Assoziationen auf. In der von Find-

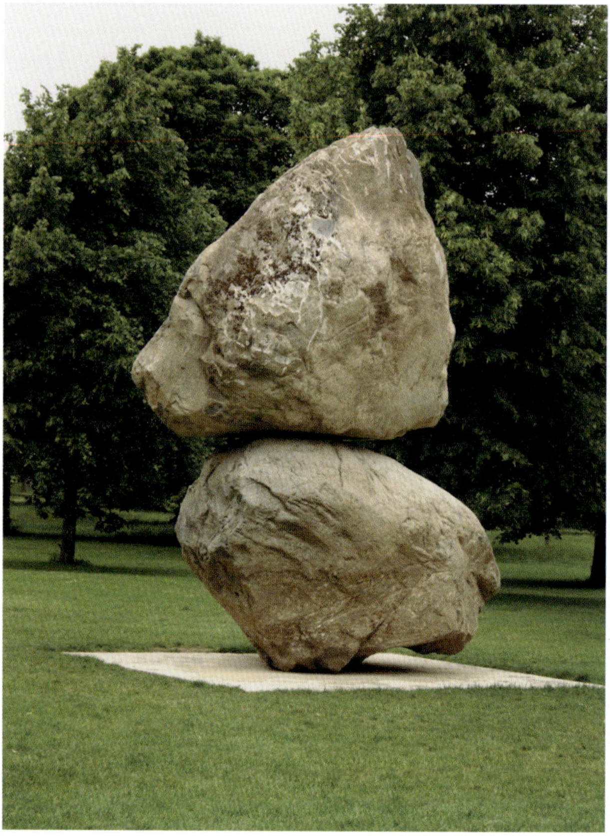

6 | Peter Fischli/ David Weiss: *Rock on Top of Another Rock*, 2013–2014. Granit, H 5,5 m, temporäre Installation der Serpentine Gallery, Kensington Gardens, London.

lingen übersäten Hochebene sehen die beiden aufeinanderliegenden, flechtenbewachsenen Steine, die dort zuvor nebeneinander lagen, wie die zufällig von Gletschern hinterlassenen Felsformationen aus. Sie erinnern an den Brauch, Steine als Wegmarken aufeinander zu stapeln, und an die nordische Mythologie, derzufolge solche Steinstapel aus Findlingen, die auch Trollsteine genannt wurden, die Trolle abschrecken oder ihnen umgekehrt als Behausung dienen sollen.[25] Die technischen Bedingungen, die nötig waren, um die Findlinge aus Wales nach London zu bringen oder den einen Stein auf dem anderen ins Gleichgewicht zu bringen, lassen sich im Unterschied zu *Levitated Mass* vor dem LACMA nur erahnen.

25 Vgl. Frey, Patrick: The Calmness of the Unshakeable, in: Ulekleiv, Line (Hg.), *Peter Fischli/ David Weiss. Rock on Top of Another Rock*, Oslo 2012, S. 113–118, S. 118.

## Schwertransporte

„… you never wonder where the *Jetty* rocks came from“, schrieb der Kunsthistoriker Joseph Masheck über Robert Smithsons Land Art Projekt *Spiral Jetty* von 1970, das aus kleineren und größeren unbehandelten Steinen besteht, die in der Uferzone des Great Salt Lake in Utah in Form einer Spirale aufgeschüttet wurden.[26] Im Fall großer Felsblöcke vermochte sich die Frage nach deren Herkunft hingegen stets aufzudrängen. Der „Block liegt da wie ein riesengroßer Kieselstein, den übermenschliche Kraft dahin geschleudert hat“, so hieß es beispielsweise in einer 1913 über *Naturdenkmäler* publizierten Schrift, in der der geologische Befund mit politischer Bedeutung aufgeladen wurde:

> Er scheint ein Fremdling zu sein, der gar nicht in das flache Land hingehört, … man heißt ihn einen Findling. Von jeher hat das Volk ein feines Verständnis dafür gehabt, daß solche Riesensteine fremder Herkunft sein mußten, und, sowenig es sich sonst um den Ursprung der umgebenden Natur kümmerte, hier setzten seit Alters Erklärungsversuche ein.[27]

Die erratischen Blöcke, die in der norddeutschen Tiefebene fernab von größeren Gesteinsvorkommen zu finden waren, provozierten aufgrund ihres Materials, das dort sonst nicht vorkam, ihrer Größe und ihrer landschaftlich unvermittelten Lage Vermutungen über ihre Herkunft, die Gründe und Mittel, die ihre Ortsveränderung bewirkten. Seitdem als erwiesen galt, dass es sich um Überreste der letzten eiszeitlichen Gletscherbewegungen handelt, wurden sie als erdgeschichtliche Zeugnisse betrachtet, als „geologische Naturdenkmäler“.[28]

Der Granitstein vor dem LACMA ist kein solcher Findling, sondern wurde 2005 bei einer regulären Detonation in einem südkalifornischen Granitsteinbruch aus dem hoch gelegenen Massiv gesprengt, ohne bei seinem Sturz aus mehr als 50 Metern Höhe zu zerbrechen.[29] Angesichts des seltenen Funds riefen Heizers Mitarbeiter, die den Stein zum Verkauf üblicherweise zerkleinert hätten, den Künstler an, der bereits öfter mit ihnen zusammengearbeitet hatte. Heizer nahm den Stein in Augenschein und reservierte ihn umgehend.[30] Aufgrund der unversehrten Oberfläche, die keine Risse aufweist, hielt er ihn nicht für ein alltägliches Abbauprodukt des Steinbruchs, sondern für eine geologische Probe, die er deshalb nicht bearbeiten, sondern während des Transports zum Museum zusätzlich mit Folien und

26 Masheck, Joseph: The Panama Canal and Some Other Works of Work, in: *Artforum*, Bd. 9, Nr. 9 (Mai 1971), S. 38–41, S. 41.
27 Klose, Hans: Unsere erratischen Blöcke, in: *Naturdenkmäler. Vorträge und Aufsätze*, Heft 3 (1913), S. 3–72, S. 4.
28 Ebd., S. 5.
29 Vgl. McMillan, Rob: 340-Ton Rock's Move from Riverside to LA Stopped by Red Tape, in: http://abc7.com/archive/8490807/, letzter Zugriff am 14.7.2015.
30 Vgl. Wagley 2012 (wie Anm. 7).

Stoffen schützen ließ.[31] Der Stein ist kein erratischer Block der letzten Eiszeit, sondern ein Findling des „Anthropozäns".[32] Anstelle von Gletschern bewegte ihn das Großlogistikunternehmen Emmert International, das seit den 1960er Jahren Atomkraftwerke, Ölraffinerien, Spaceshuttles, Raketen und mehrstöckige Gebäude versetzt.[33] Trotz dieses Einsatzes modernster Technik betrachtet der geologisch bewanderte Heizer seine Steintransporte im Kontext der Erdgeschichte. „This 68-ton mass was thrust 9000 feet upward. In effect, been returned to its source, to its original elevation at 4000 feet," so erklärte er 1969 seinen Transport eines Granitsteins in Nevada mit erdgeschichtlichen Prozessen.[34]

Der im Fall von *Levitated Mass* vermeintlich unbedeutende Transport von Steinen kann verschiedene semantische Potentiale aufrufen. Er wurde, um dem Bedeutungszuwachs durch das flüchtige Ereignis Dauer zu verleihen, auf unterschiedliche Weise inszeniert. Der Aufwand und die technischen Errungenschaften, die die schwer vorstellbare Bewegung solcher Monolithen ermöglichten, spielten für die Bedeutungszuschreibungen vergleichbarer Arbeiten durchaus eine Rolle. Ein Kupferstich von 1770 (Abb. 7) zeigt den Transfer eines immensen erratischen Blocks, der mittels handbetriebener Seilwinden auf einigen tragbaren Holzschienen durch die verschneite Landschaft gezogen und von mehreren Steinmetzen bearbeitet wird, während eine Zuschauermenge das technische Spektakel bewundert. Der sogenannte Donnerstein wurde nach langer Suche in einer steinarmen Gegend in Karelien gefunden, ausgegraben und zu Land auf neu angelegten Straßen und zu Wasser auf einem eigens konstruierten Floß über eine Strecke von beinahe 20 Kilometern nach mehreren Monaten nach St. Petersburg gebracht, um dort den Sockel für Étienne-Maurice Falconets Reiterstandbild Zar Peters des Großen abzugeben. Während Falconet, der ohnehin einen aus mehreren Steinen zusammengesetzten Sockel plante, anordnete, den etwa dreizehn Meter langen, acht Meter breiten und sechseinhalb Meter hohen Granitstein zu verkleinern, unterband seine Auftraggeberin, Katharina die Große, dieses Vorhaben bei ihrem Besuch des Findlings. Sie wollte ihn möglichst in seinen ursprünglichen Ausmaßen erhalten wissen, um das Verdienst der Expedition nicht zu schmälern.[35] In Russland wurden das Unter-

31 „What's interesting about this rock is it's not just a piece of quarry fragment, blown-up junk," erklärte Heizer. „This doesn't have really any fractures on it at all. This is actually a specimen. This is a geologic specimen." Vgl. Jaffe 2012 (wie Anm. 2).

32 Vgl. Crutzen, Paul J.: Geology of Mankind, in: *Nature*, Bd. 415 (3.1.2002), S. 23, und dazu Donna Haraway: Anthropocene, Capitalocene, Plantationocene, Chthulucene: Making Kin, in: *Environmental Humanities*, Bd. 6, 2015, S. 159–165, S. 160.

33 Vgl. Montagne, Renee: Boulder Gathers No Moss on Its Way to Los Angeles, in: http://www.npr.org/2012/03/07/148113595/boulder-gathers-no-moss-on-it-way-to-la, letzter Zugriff am 28.7.2015.

34 Heizer, Michael: The Art of Michael Heizer, in: *Artforum*, Bd. 8, Nr. 4 (Dezember 1969), S. 32–39, S. 35. Vgl. auch Boettger 2002 (wie Anm. 20), S. 193.

35 Vgl. Schenker, Alexander M.: *The Bronze Horseman. Falconet's Monument to Peter the Great*, New Haven, London 2003, S. 140 ff.

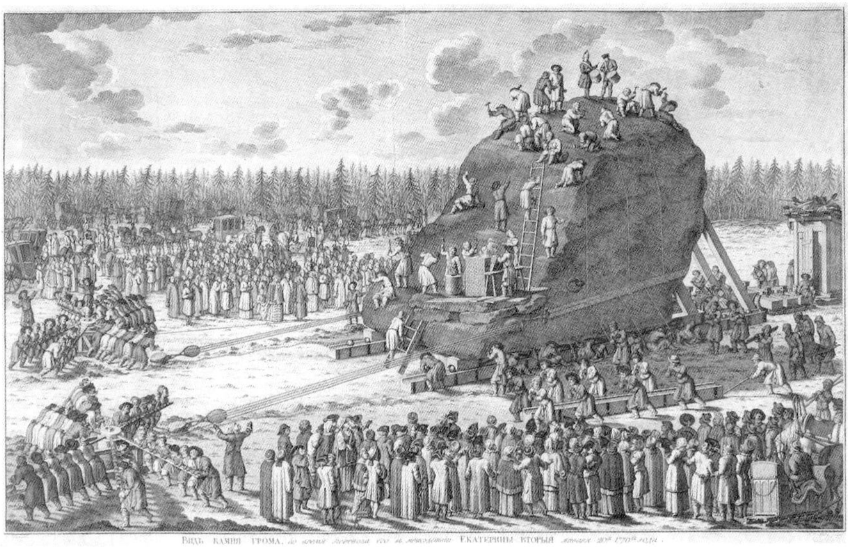

7 | Jakob van der Schley: *Die Überführung des Donnersteins in Anwesenheit von Katharina II. am 20. Januar 1770*, 1770er Jahre, 45 × 71 cm, Kupferstich nach einer Zeichnung von Jury Matveyevich Velten.

nehmen und die Ankunft des Felsens in St. Petersburg als Heldentat gefeiert; aus dem von 40 Steinhauern produzierten Abfall, der dessen Weg säumte, fertigte man sogar kleine Andenken und Schmuckstücke. Und in ganz Europa, so schmeichelte Falconet, der sich für den Transport weniger interessierte, seiner Auftraggeberin, werde die Leistung, die dem Bau der Pyramiden gleichkomme, als ingenieurstechnische Errungenschaft ihrer kaiserlichen Herrschaft gepriesen.[36] Der fertige Sockel hingegen provozierte Kritik. Manche Betrachter bemängelten, der Stein sei seiner Größe und primitiven Form beraubt worden. Ihn zu erklimmen, sei keine Kunst, so dass das Standbild auch die zivilisatorischen Leistungen Peters des Großen nicht würdigen könne. Der Bildhauer habe offenkundig gefürchtet, mit der ungezähmten Wildheit des Steins nicht konkurrieren zu können und ihn halbiert, geschliffen und poliert, damit er nicht mehr aussehe wie der von Naturkräften geformte karelische Granit.[37] Nach der Bearbeitung der Größe, Form und Oberfläche war der Stein, anders als *Levitated Mass*, kaum noch wiederzuerkennen und die ihm zuvor anhaftende Geschichte der schier unglaublichen Überführung, die trotzdem noch für die politische Propaganda der Kaiserin taugte, zugunsten des Entwurfs getilgt. Heizer hingegen ließ den Stein unbearbeitet, damit dessen Herkunft sichtbar bleibe. „It's

36 Vgl. Schenker, Alexander M.: *The Bronze Horseman. Falconet's Monument to Peter the Great*, New Haven, London 2003, S. 140, 158f.
37 Vgl. ebd., S. 159f.

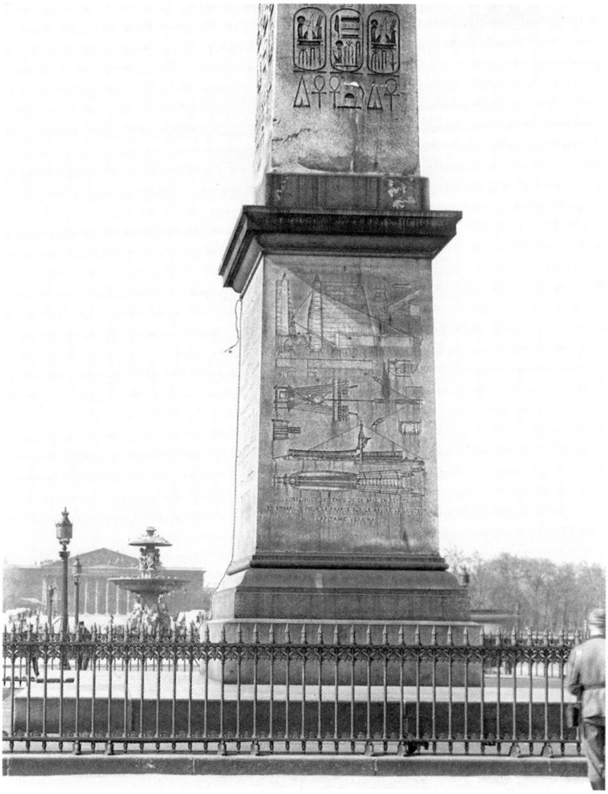

8 | Jakob Ignaz Hittorf: Sockel des Obelisken von Luxor, 1836 aufgestellt, Granit, Place de la Concorde, Paris.

interesting to import material as long as the material remains in its original state so that it still reflects where it came from," erklärte er.[38] Der Transport des Steins, „[t]he process of deplacement/replacement", den er in den letzten Jahrzehnten, wenngleich weniger aufwendig, mit einer Reihe von Exemplaren durchführte, sollte dem Stein auch nach der Platzierung vor dem Museum anhaften.[39] „As soon as you start working with something of that size it begins to express itself through all of its innate characteristics. The handling of it and what it does when it is being handled are incorporated in the work," so charakterisierte Heizer, wie sich dem Stein dessen Gebrauch anlagere.[40]

38 Vgl. Brown 1984 (wie Anm. 1), S. 31.
39 Vgl. Crone, Rainer: Mythopoetic Abstractions. Similarity and Deformation – The Analogue of Linguistic Structures in the Major Sculpture of Michael Heizer, in: Ausst.-Kat. *Michael Heizer* 1984 (wie Anm. 1), S. 44–57, S. 48.
40 Vgl. Brown 1984 (wie Anm. 1), S. 19.

Die ingenieurstechnische Leistung eines solchen Transfers wurde in Paris eigens geehrt. Die beiden vergoldeten Reliefs am Sockel des Obelisken, der 1836 in der Mitte der Place de la Concorde (Abb. 8) aufgestellt wurde, zeigen die Grund- und Aufrisse der Fahrzeuge, Kräne und Hebevorrichtungen, mit denen der Pfeiler in Luxor, wo er neben einem zweiten vor dem Tempel Ramses II. stand, niedergelegt, während einer dreizehnmonatigen Reise auf einem eigens konstruierten Schiff nach Paris gefahren und dort wiederaufgerichtet wurde. Unterhalb der Hieroglyphen auf dem Obelisken sind die „Piktogramme des technischen Zeitalters" neben- und übereinander auf den Wänden des Sockels angeordnet, der, wie der ehemals als Kultgegenstand genutzte Pfeiler, aus Granit besteht.[41] Sie markieren die technisch-bürokratische Leistung des „Bürgerkönigs" Louis-Philippe, den Ort, auf dem 1789 die Guillotine stand, mit einem dauerhaften, seinerzeit politisch unverdächtigen, da den meisten Betrachtern unverständlichen Monument zum Platz der Eintracht umgewidmet zu haben.[42] Der flüchtige Vorgang der Versetzung, die den Pfeiler einer profanen Nutzung zuführte, sollte deshalb dauerhaft sichtbar sein wie der Obelisk selbst.

Zur Eröffnung von *Levitated Mass* wurde der aufwendige Transport, der in St. Petersburg auf Medaillen und Gemälden und in Paris auf den Reliefs auch später noch zu bewundern war, indirekt in Erinnerung gerufen. Heizer stellte in dem zum LACMA gehörigen Broad Contemporary Art Museum Fotografien von Findlingen in der Landschaft aus. Es handelte sich um 15 in den 1970er Jahren entstandene großformatige Schwarzweißfotografien, die vom Boden zur Decke reichten. Sie zeigen Großaufnahmen von jeweils einem Findling, dem eine Person mit einem Schild mit den genauen Maßen des Felsens beigestellt ist. Dessen Form und immense Größe sollen gemäß des Titels *Actual Size* in den Fotografien nahezu maßstabsgetreu zu betrachten sein. Die ausgestellten Fotografien unterstrichen den Kontrast zwischen dem jetzigen Ort des Felsens von *Levitated Mass* und seiner vermeintlich vorherigen Lage in den rauen Einöden und Hochebenen, als handele es sich auch bei dem gesprengten Stein um einen eiszeitlichen Überrest aus der Wüste.

„We live in a schizophrenic period. We're living in a world that's technological and primordial simultaneously. I guess the idea is to make art that reflects this premise," erklärte Heizer 1984 in einem Interview.[43] Die Anziehungskraft seines durch Sprengung gewonnenen, maschinell transportierten Findlings *Levitated Mass*, der aussieht wie ein viel älterer erdgeschichtlicher Zeuge, den es in die Groß-

41 Vgl. Kemp, Wolfgang: Der Obelisk auf der Place de la Concorde, in: *kritische berichte*, Bd. 7, Nr. 2/3 (1979), S. 18–29, S. 26.
42 Vgl. ebd., S. 19ff. Vgl. zum vatikanischen Obelisken Biermann, Veronica: Ortswechsel: Überlegungen zur Bedeutung der Bewegung schwerer Lasten für die Wirkung und Rezeption monumentaler Architektur am Beispiel des Vatikanischen Obelisken, in: Altekamp, Stefan; Marcks-Jacobs, Carmen; Seiler, Peter (Hg.), *Perspektiven der Spolienforschung 1. Spoliierung und Transposition*, Berlin, Boston 2013 (Topoi. Studies of the Ancient World Bd. 15), S. 123–156, S. 141ff., 153.
43 Brown 1984 (wie Anm. 1), S. 13.

stadt verschlagen hat, speist sich aus dem Wissen um den irrwitzigen, in unzähligen im Internet zugänglichen Fotografien und Videos festgehaltenen Transport, dem der Regisseur Doug Pray ein Jahr nach der Eröffnung den gleichnamigen Dokumentarfilm widmete. Die Vorstellung von der Schwierigkeit einer solchen Überführung und den dazu nötigen Kräften könne, so charakterisierte der Philosoph Edmund Burke 1757 am Beispiel der Monolithen von Stonehenge, das Gefühl von Größe und Erhabenheit wecken, das durch die massiven, rohen Steinmassen verstärkt werde.[44] Diese europäische, in der literarischen Überlieferung bis auf die Antike zurück reichende Tradition der Erhabenheit der Natur wurde in den USA seit dem 19. Jahrhundert um die Erhabenheit der Technologie erweitert, mit der – wie in der Kontinent überspannenden Eisenbahn, den Hochhäusern, Brücken und Raketenstarts[45] – die Natur bearbeitet und bezwungen wurde. In *Levitated Mass* scheinen sich beide Vorstellungen zu durchdringen.

44 Vgl. Burke, Edmund: *Philosophical Inquiry into the Origin of Our Ideas of the Sublime and Beautiful with an Introductory Discourse Concerning Taste and Several Other Additions*, Philadelphia 1806, S. 111.

45 Vgl. Nye, David E.: *American Technological Sublime*, Cambridge, London 1994, S. 17 ff.; vgl. dazu auch Paul, Serge: Michael Heizer et les risques du sublime technologique, in: *Marges*, Nr. 14 (2012), S. 28–46, S. 37.

Yamit Rachman-Schrire

# STEINTRANSFER OHNE MENSCHLICHES ZUTUN

## Wie der Berg Sinai auf den Berg Zion gelangte*

Drei ungeglättete, vertikal übereinander angeordnete Steine sind in der armenischen Kathedrale des Heiligen Jacobus auf dem Berg Zion in Jerusalem in einer rechteckigen Kiste durch eine Glaswand zu sehen. Farbe und Größe der Steine lassen sich durch drei kreisförmige, aus der Glasscheibe herausgeschnittene Öffnungen deutlich erkennen; durch diese Öffnungen können Pilger und Gläubige die Steine berühren (Abb.1 und 3). Der Überlieferung zur Folge wurde jeder der drei Steine von einem anderen heiligen Ort nach Jerusalem gebracht: vom Berg Sinai, wo Moses die Gesetzestafeln zerschmetterte; vom Jordan, wo Christus getauft wurde und vom Berg Tabor, dem Ort der Transfiguration.

Die heute mit diesen Steinen verbundene Erzählung läßt sich mindestens bis ins 17. Jahrhundert zurück verfolgen, basiert aber auf einer noch älteren Version aus dem 14. Jahrhundert, die im Zentrum des folgenden Beitrags steht.

Sie findet sich in verschiedenen Berichten von Pilgern, die Jerusalem besuchten. Einer Version der Legende aus der Mitte des 14. Jahrhunderts zufolge wurden zwei Steine wundersamer Weise durch Engel vom Berg Sinai zu Mariens Haus auf dem Berg Zion versetzt. Die Jungfrau Maria betete vor diesen Steinen, und dabei ersetzte ihre spirituelle Kontemplation eine Pilgerreise zum Berg Sinai. Nachfolgend werden die materiellen und räumlichen Aspekte des legendären Transfers dieser Steine diskutiert. Meine These ist, dass der in der Legende beschriebene Steintransfer vom Berg Sinai zum Berg Zion die alte Beziehung zwischen beiden Bergen neu belebt, nämlich die zwischen dem Sinai als dem Berg des Alten Testaments und Zion als dem Berg des Neuen Bundes. Für die Übertragung von Orten durch Steine rekurriert die Legende auf ein *teleologisches Modell*, das sowohl den Herkunfts- als auch den Bestimmungsort der Steine berücksichtigt. Dabei sind diese als Medium konzipiert, das zwei geographische Orte aufgrund ihrer Materialität und ihres Aussehens miteinander verbindet.

* Unter Mithilfe von Bruno Reudenbach hat Monika Wagner den Text aus dem Englischen übersetzt, wofür ich beiden danke. Ein besonderer Dank gilt zudem Gerhard Wolf und George Hintlian.

## Eine Erzählung von zwei Steinen

In den mittelalterlichen Pilgerberichten, die die Geschichte des wundersamen Steintransfers überliefern, ist mal von einem, mal von zwei Steinen die Rede, die ein Engel vom Berg Sinai auf den Berg Zion getragen habe. Philipp von Savona, der in den 1280er Jahren ins Heilige Land reiste, erwähnt einen dieser Steine in einer der Kapellen der Kirche des Berges Zion:

> Der Evangelist Johannes hielt Messe in Anwesenheit der Jungfrau Maria so lange sie in dieser Welt lebte. Und dort gibt es noch einen roten Stein, der als Altar genutzt wurde, den Engel auf Bitten des seligen Apostels Thomas bei seiner Rückkehr aus Indien mit ihren Händen vom Berg Sinai hertrugen.[1]

Der Stein, den Philipp sah, befand sich im Komplex der Kreuzfahrerkirche von Zion, die zu der Zeit, als er die Stadt besuchte, in Trümmern lag.[2] Der Ort aber bewahrte noch die Assoziationen zur Jungfrau Maria und den Aposteln; er wurde wie in vorausgegangenen Jahrhunderten noch immer mit dem Haus des Johannes identifiziert, in dem Maria nach der Kreuzigung gelebt habe, und wo sich die Apostel vor und nach der Himmelfahrt Christi versammelt hätten. Auch nahm man an, das Abendmahl habe hier stattgefunden, hier habe der Apostel Thomas die Wunden Christi berührt, und hier sei an Pfingsten der Heilige Geist über die Apostel gekommen.[3]

Philipp erwähnt in seinem Bericht auch die Farbe des Steins und die Gründe seines Transfers: Der Stein war rot und auf Wunsch des Apostels Thomas vom Berg Sinai zum Berg Zion transportiert worden. Doch kann kein Ereignis aus dem Leben des Thomas mit dem Stein in Verbindung gebracht werden. Daher ist zu erwägen, ob er nicht in einem allgemeineren Sinn mit Festigkeit und der Kraft des Glaubens verbunden wurde, war doch, wie bereits gesagt, in dem Kirchenkomplex die Stelle markiert, an der Thomas die Auferstehung bezweifelt haben soll. Philipp erwähnt auch, dass der Stein der Jungfrau als Altar gedient habe, was auf eine gebräuchliche Assoziation des Kirchenkomplexes mit dem Haus des Johannes hinweist, in dem

1 Sandoli, Sabino de: *Itinera Hierosolymitana Crucesignatorum (saec. XII–XIII): Textus Latini cum versione Italica*, 4 Bd., Jerusalem 1978, IV, S. 226, 228. Philipp von Savona ist auch als Philipp Busserius bekannt. Eine ähnliche Version des Steintransfers vom Sinai auf den Berg Zion findet sich auch im 13. Jahrhundert: *Anonymous liber de civitatibus terrae sanctae. Sandoli, Itinera Hierosolymitana Crucesignatorum*, IV, S. 348, 350.

2 Aus den Pilgerberichten geht hervor, dass die Kirche irgendwann zwischen 1217 und 1231 zerstört wurde, wahrscheinlich von Al-Mu'azzam Isa (r. 1219–1220).

3 Zur Identifikation Marianischer Traditionen mit dem Berg Zion, siehe Shoemaker, Stephen J.: *Ancient Traditions of the Virgin Mary's Dormition and Assumption*, Oxford, 2002 (Oxford Early Christian Studies), S. 125–129. Seit dem 12. Jahrhundert vermehrten sich in Jerusalem, besonders auf dem Berg Zion, die der Jungfrau geweihten Orte, siehe Limor, Ora: Mary in Jerusalem: An Imaginary Map, in: Kühnel, Bianca; Noga-Banai, Galit; Vorholt Hanna (Hg.), *Visual Constructs of Jerusalem*, Turnhout, 2014, S. 11–22.

– einigen Überlieferungen zufolge – Maria in der Zeit zwischen der Himmelfahrt Christi und ihrer eigenen vierzehn Jahre lang gewohnt habe.[4]

Während des 14. Jahrhunderts tritt daher in Pilgerberichten auch eine andere Version der Legende auf, wonach der Stein nicht auf Veranlassung des Apostels Thomas, sondern dem Wunsch der Jungfrau Maria entsprechend vom Berg Sinai zum Berg Zion transferiert wurde. Niccolò von Poggibonsi, der Jerusalem 1347 besuchte, erwähnt einen roten Stein auf dem Gelände der zerstörten Kirche: „die Engel nahmen ihn vom Berg Sinai auf und sie legten ihn vor die Jungfrau Maria, die etwas von diesem heiligen Berg haben wollte, wo Gott das heilige Gesetz an Moses übergab".[5]

Es ist höchst wahrscheinlich, dass sich diese Version der Legende unter dem Einfluss der Franziskaner entwickelte, die in der 1. Hälfte des 14. Jahrhunderts ihre Präsenz auf dem Berg Zion ausgebaut hatten.[6]

Während der zweiten Hälfte des 14. Jahrhunderts wurde die Legende vom Stein (und vielleicht auch der Stein selbst) aus der Trümmerstätte der Kreuzfahrerkirche in eine andere Kirche, in die armenische Kathedrale des Jacobus, übertragen, die gleichfalls auf dem Berg Zion lag (Abb. 3). In dieser Version erzählen Pilger von *zwei* roten Steinen, die von Engeln zur Jungfrau gebracht worden seien, damit diese keine beschwerliche Pilgerreise zum Sinai auf sich nehmen müsse, sondern von ihrem Haus auf dem Berg Zion den Berg Sinai verehren könne.[7] Der russische Pilger Agrefenii, dessen Bericht aus den 1370er Jahren stammt, erwähnt, dass die beiden roten Steine in einer kleinen Kiste außerhalb der Kirche aufbewahrt wurden und dass ein Mann beide Steine heben konnte.[8] Ein anderer russischer Pilger, Zosima, fügt hinzu, dass die beiden Steine der ‚brennende Busch' genannt wurden.[9]

4 Die Annahme, dass Maria in Johannes' Haus lebte, korrespondiert mit Johannes 19:26.

5 Niccolò, da Poggibonsi: *Libro d'Oltramare*, Bacchi della Lega, Alberto (Hg.), 2 Bd., Bologna 1881, Bd. 1, S. 134–135.

6 Zu den seit 1309 betriebenen Franziskanischen Einrichtungen auf dem Berg Zion, siehe Pringle, Denys: *Churches of the Crusader Kingdom of Jerusalem*, 4 Bde., Cambridge u.a. 1993–2009, Bd. 3, S. 269. Zu Marias zentraler Rolle in der spätmittelalterlichen Franziskanischen Frömmigkeit, siehe Ellington, Donna Spivey: *From Sacred Body to Angelic Soul: Understanding Mary in Late Medieval and Early Modern Europe*, Washington, D.C., 2001.

7 Vielleicht wurde einer der beiden Steine aus den Ruinen der Kreuzfahrerkirche in die armenische Kathedrale gebracht und neben dem roten Stein gezeigt, von dem man annahm, der hl. Jacobus sei darauf geköpft worden. Möglicherweise wurden im Lauf der Zeit beide Steine in ein und dieselbe Erzählung integriert. Denn die Jungfrau Maria war ein Modell für die Pilgerschaft, siehe Rachman-Schrire, Yamit: *The Stones of the Christian Holy Places of Jerusalem and Western Imagination: Image, Place, Text (1099–1517)*, unveröffentlichte Diss., The Hebrew University of Jerusalem, 2015, S. 138–160.

8 Stavrou, Theofanis; Weisensel, G.; Peter, R.: *Russian Travelers to the Christian East from the Twelfth to the Twentieth Century*, Columbus, Ohio 1986, S. 11–13.

9 Raba, Joel: *Russian Travel Accounts on Palestine: 1200–1700*, Jerusalem 1986, S. 102 [hebräisch]. Zosima beschreibt die Steine an ihrem früheren Ort, der Kirche des heiligen Berges Zion. Möglicherweise wurde der Stein geteilt und ein Teil in die armenische Kathedrale gebracht, so dass die Steine gleichzeitig in zwei verschiedenen Kirchen zu sehen waren.

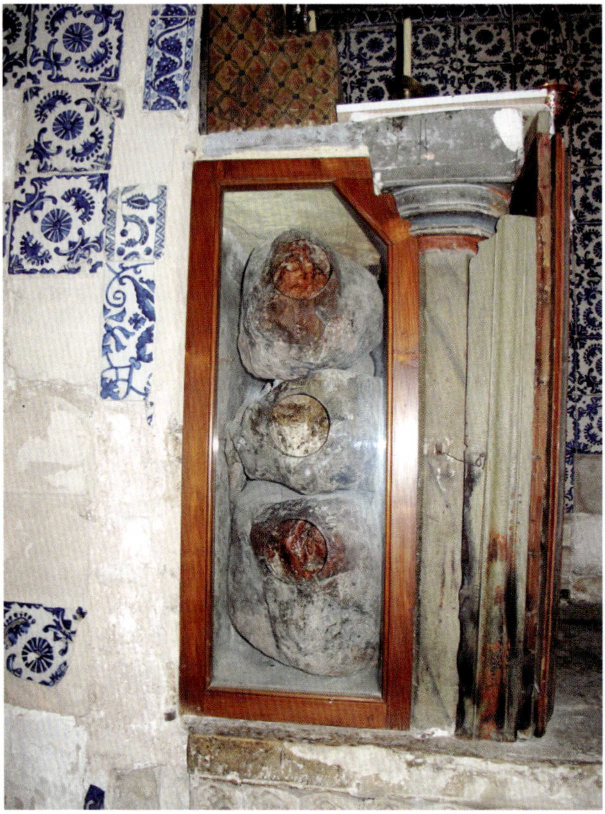

1 | Steine in einem Reliquienschrein, armenische Kathedrale St. Jacobus, Jerusalem.

Der Dominikaner Felix Fabri, der die armenische Kirche des Jacobus in den Jahren 1483/84 besuchte, fasste die Legende, wie sie sich zu dieser Zeit herauskristallisiert hatte, folgendermaßen zusammen:

> In der Mauer der Kirche ist an der Außenseite eine Öffnung oder ein undurchsichtiges Fenster, ein spezieller Raum, in dem zwei große, runde Steine liegen, die vom Berg Sinai hergebracht wurden, und es heißt, Engel hätten sie zur spirituellen Erbauung der seligen Jungfrau herbeigeschafft, damit sie nicht eine so weite Strecke pilgern und Jerusalem verlassen müsse, sondern in ihnen den heiligen Berg Sinai verehren könne.[10]

10 Fabri, Felix: *Evagatorium in Terrae Sanctae, Arabiae et Aegypti Peregrinationem*, Hassler, Konrad Dietrich (Hg.), 3 Bd., Stuttgart 1843–1849, Bd. 2 (1843), S. 267.

## Reisende Steine, wandernde Berge: Die Steine vom Sinai als Unterstützung mentaler Pilgerreisen

Die in den Pilgerberichten überlieferte Legende folgt also der Vorstellung, dass die Steine auf dem Berg Zion den Ort ihrer Herkunft, den Berg Sinai, (re)präsentierten. Diese geographische Substitution wird in der Legende mit einer mentalen Pilgerschaft ebenso wie mit der Jungfrau Maria verknüpft. Während Maria in ihrem Haus auf dem Berg Sinai bleibt, versenkt sie sich in die wundersamer Weise vom Berg Sinai zu ihr gelangten Steine, und ihre Kontemplation, die von den Steinen angeregt und unterstützt wird, ersetzt so eine reale Pilgerreise zum Sinai.

Die Darstellung Mariens als Modell einer mentalen Pilgerschaft steht im Kontext der aufkommenden Praktiken mentaler Pilgerreisen, die während des 13. Jahrhunderts im monastischen Milieu Nordeuropas entstanden und sich später unter Laien verbreiteten.[11] Die Legende, die die Steine vom Sinai mit Marias Devotionspraxis verbindet, spiegelt derartige Entwicklungen. So werden die in den Kirchenkomplexen auf dem Berg Zion platzierten Steine vom Berg Sinai zu einem Teil der Marianischen Geographie Jerusalems.[12] Pilger, die die Steine sahen (und sie vielleicht auch berührten), sollten sich, während sie vor ihnen beteten, die Jungfrau in ihrem Haus bei der Kontemplation des Berges Sinai vorstellen. In diesem Sinn waren die Steine mehr als lediglich räumliche Markierungen für ihren Herkunftsort; vielmehr waren sie ebenso Verkörperungen der Andachtspraxis der Jungfrau innerhalb der Topographie Jerusalems.[13]

Das durch die Steine unterstützte Phänomen der Überführung eines Ortes in einen anderen Ort erinnert an die Praxis von Pilgern, verschiedene Materialien von den heiligen Stätten – Steine, Dornen, Erde usw. – als *eulogia* (Segnungen) zu sammeln und mit nach Hause zu nehmen.[14] Ein frühes überliefertes Beispiel für

11 Mentale Pilgerschaft dient heute als Kategorie, um imaginäre Reisen zu heiligen Stätten zu beschreiben, die durch physische Dinge wie Manuskripte, Bilder und Architektur unterstützt wurden. Sie ersetzte physische Reisen zu den heiligen Orten und verhalf ihren Teilnehmern zu einem Ablass. Alternativ konnten imaginäre Pilgerreisen im Anschluss an reale Reisen auch zum Re-enactment werden. Zur mentalen Pilgerschaft siehe Rudy, Kathryn M.: *Northern European Visual Responses to Holy Land Pilgrimage, 1453–1550*, unveröffentlichte Diss., Columbia University, 2001; Rudy, Kathryn M.: A Guide to Mental Pilgrimage: Paris, Bibliothèque de l'Arsenal Ms. 212, in: *Zeitschrift für Kunstgeschichte*, 63 (2000), S. 494–515; siehe auch Beebe, Kathryne: Reading Mental Pilgrimage in Context: The Imaginary Pilgrims and Real Travels of Felix Fabri's „Die Sionpilger", *Essays in Medieval Studies*, 25 (2008), S. 39–70.

12 Ora Limor hat gezeigt, wie sich das Heilige Land in eine Marianische Landschaft verwandelte, die die wachsende Bedeutung der Jungfrau in der christlichen Religion zeigt. Limor (wie Anm. 3), S. 17–22.

13 Zur Legende von den Sinai-Steinen und der Benennung als Modell mentaler Pilgerschaft im realen Raum von Jerusalem siehe Rachman-Schrire, Yamit: Sinai Stones on Mount Zion: Mary's Pilgrimage in Jerusalem, in: Bartal, Renana; Vorholt, Hana (Hg.), *Between Jerusalem and Europe. Essays in Honour of Bianca Kühnel*, Leiden 2015, S. 57–73.

14 Der Dominikaner Felix Fabri legte im 15. Jahrhundert dar, wie er eines morgens in Jerusalem kleine Steine, Kiesel und Dornen sammelte, die er mit zurück nach Ulm nahm. Fabri rechtfertigt

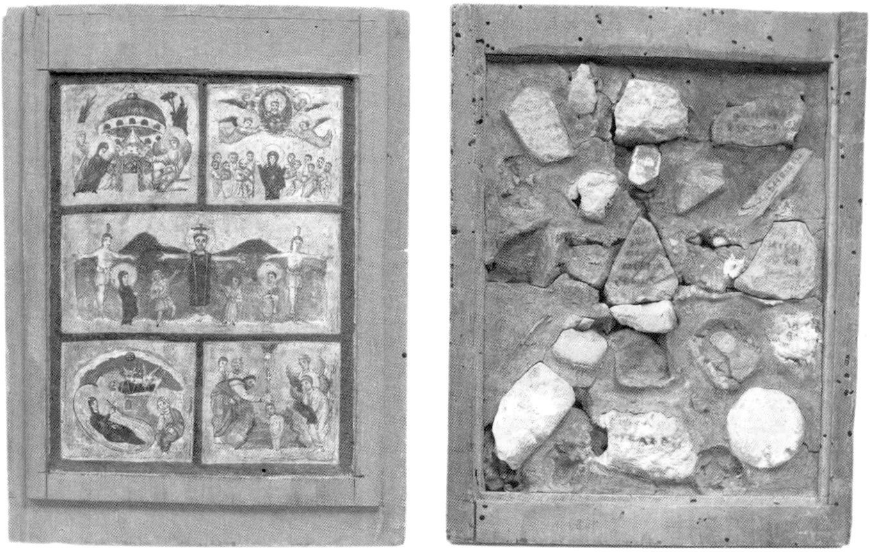

2 | Steine und Holzfragmente unter bemaltem Deckel eines hölzernen Reliquienkastens, spätes 6. oder frühes 7. Jahrhundert, 24 × 18,4 × 4 cm, Vatikan, Museo Sacro.

Steine, die aus dem Heiligen Land stammen, ist das bekannte Reliquiar aus *Sancta Sanctorum*, die in das späte 6. oder frühe 7. Jahrhundert datiert wird (Abb. 2). Das hölzerne Kästchen enthält Materialien – Steinbrocken und Holz – die in verschiedenen Gebieten Palästinas gesammelt worden waren; jeder Stein ist in Griechisch mit dem Namen des Ortes beschriftet, von dem er stammt. Auf dem bemalten Deckel des Kästchens findet sich außen das von einer Mandorla umgebene Kreuz auf einem Berggipfel;[15] die Innenseite zeigt fünf Bilder, die mit den Orten, von denen die Steine stammen, verbunden werden: ein Stein vom Ort der Auferstehung wird auf das Bild der Frau am leeren Grab bezogen; ein Stein vom Berg Zion korrespondiert mit der Szene der Kreuzigung in Golgatha; ein Stück Holz aus Bethlehem

dies, indem er auf die biblische Geschichte von Naaman dem Syrer verweist, der den Propheten Elisha bat, Erde und Steine aus dem Heiligen Land mit nach Hause nehmen zu dürfen (2 Könige 5:17). Felix Fabri, *Evagatorium in Terrae Sanctae*, 3:195–196. Steinrelikte aus dem Heiligen Land sind in Kircheninventaren belegt, wo sie zusammen mit Relikten vom wahren Kreuz, den Märtyrern und Heiligen aufgeführt sind. Dazu: Folda, Jaroslav: *Crusader Art in the Holy Land, From the Third Crusade to the Fall of Acre*, New York 2005, S. 70–71. Zu den *lapis sinaiticus*, die von Pilgern auf dem Sinai gesammelt wurden, weil man glaubte, sie enthielten das Bild des brennenden Dornbuschs siehe Weingarten, Susan: ‚And This Shall Be a Token to Thee' (Ex. 3.12): Lapis Sinaiticus in Jewish and Christian Traditions, in: *Journal of Jewish Studies* 54, Nr. 1 (2003), S. 1–20. Zu Steinrelikten für den privaten Gebrauch siehe Smith, Julia M. H.: Portable Christianity: Relics in the Medieval West (700–1200), in: *Proceedings of the British Academy* 181 (2012), S. 143–167.

15 In der Mandorla befindet sich ein Griechisches Kreuz mit dem Monogramm Christi in den oberen Ecken I]C–XC (Iesus Christos); die unteren Ecken zeigen A (alpha) und ω (omega).

bezieht sich auf die Geburt Christi; ein Stein vom Ölberg wird mit der Himmelfahrt assoziiert; Ein fünfter Stein, der mit der Taufe Christi korrespondierte, war mit dem Namen Jordan beschriftet.[16]

Bruno Reudenbach hat vorgeschlagen, diese Steine als Ortsreliquien zu betrachten.[17] Als Bestandteil des Materials vom ursprünglichen Ort bedeutete jeder Stein dem Prinzip des *pars pro toto* entsprechend den gesamten Herkunftsort.[18] Das Beschriften der Steine mit dem Herkunftsnachweis und die Zuordnung zu den Bildern waren Strategien der Authentifizierung, die die Steine mit ihrem jeweiligen Herkunftsort verbanden.[19] Kürzlich hat Beate Fricke gezeigt, dass der Prozess des Betrachtens durch das Nebeneinander von Bildern und materiellen Zeugnissen heiliger Stätten verstärkt und mit verschiedenen Zeitkonzepten verbunden wurde:

> Das Berühren und Sehen von tatsächlichen materiellen Beweisen, die die Macht der Vergangenheit besitzen, in Verbindung mit dem Sehen bildlicher Bezeugungen des historischen Ereignisses verschmelzen während des Eintauchens in die Szenen in eine Erfahrung der Präsenz.[20]

Ähnlich wie die Steine aus *Sancta Sanctorum* stehen auch in den Pilgerberichten die Steine vom Berg Sinai als *pars pro toto* für ihren Herkunftsort. Wir wissen nicht, ob die Steine vom Sinai durch Beischriften bezeichnet oder von Bildern begleitet waren. Auf ihre rote Farbe (Abb. 1, 3) wurde jedoch in fast allen Berichten hingewiesen; mit dieser Farbe unterschieden sich die Steine von ihrer neuen Umgebung und evozierten die rote Granitlandschaft des Sinai. Mehr noch, die rote Farbe suggerierte zugleich das Feuerrot, das mit den Ereignissen auf dem Sinai verbunden wurde: die Theophanie des brennenden Busches und die kosmologischen Ereignisse zur Zeit der Übergabe der Tora auf dem Berg Sinai. Die rötliche Farbe von zweien der drei Steine (Abb. 1), die heute in der armenischen Kathedrale zu sehen sind, lassen vermuten, dass es sich um dieselben Steine oder Teile von ihnen handeln könnte, die schon im 14. Jahrhundert gezeigt wurden.

Dabei zeigt sich eine grundlegende Differenz zwischen den Steinen vom Berg Sinai und anderen Steinrelikten. Während Steine und Steinfragmente typischerweise als Relikte *aus* Jerusalem mitgebracht wurden, bewegen sich die legendären

16 Morey, Charles Rufus: The Painted Panel from the Sancta Sanctorum, in: Worringer, Wilhelm; Reiners, Heribert; Seligmann, Leopold (Hg.), *Festschrift zum sechzigsten Geburtstag von Paul Clemen*, Düsseldorf 1926, S. 151–167.

17 Reudenbach, Bruno: Loca sancta: Zur materiellen Übertragung der heiligen Stätten, in: ders. (Hg.), *Jerusalem, du Schöne: Vorstellungen und Bilder einer heiligen Stadt*, Bern u.a., 2008, S. 23.

18 Ebd.; siehe auch: Arad, Pnina: Pilgrimage, Cartography and Devotion: William Wey's Map of the Holy Land, in: *Viator* 43, Nr. 1 ( 2012), S. 308.

19 Rudy, Kathryn M: *Virtual Pilgrimages in the Convent: Imagining Jerusalem in the Late Middle Ages*, Turnhout, S. 2011, 110.

20 Fricke, Beate: Tales from Stones, Travels through Time: Narrative and Vision in the Casket from the Vatican, in: *West 86th: A Journal of Decorative Arts, Design History, and Material Culture* 21, Nr. 2 (2014), S. 230–250.

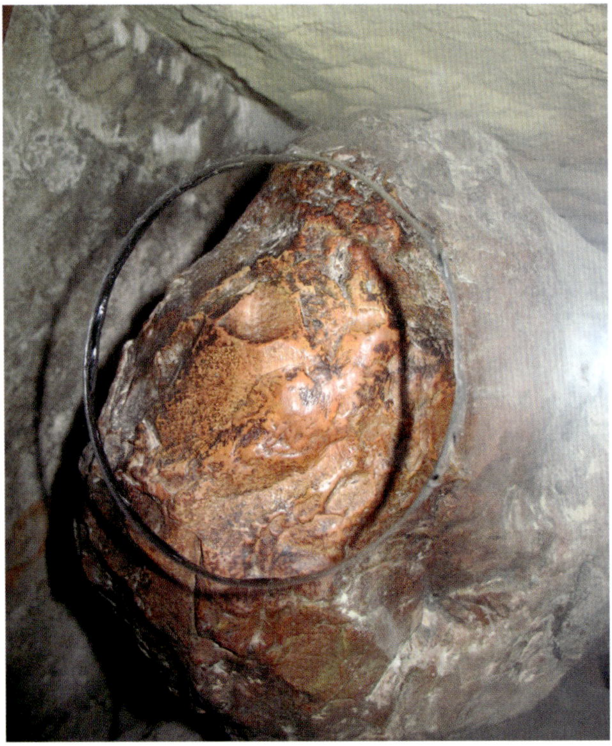

3 | Stein in einem Reliquienschrein (Ausschnitt), armenische Kathedrale St. Jacobus, Jerusalem.

Steine vom Sinai in umgekehrter Richtung, wurden sie doch *nach* Jerusalem gebracht.[21] Darüber hinaus wurden sie von einem heiligen Ort, dem Berg Sinai, zu einem nicht weniger heiligen Ort, dem Berg Zion, befördert. Das heißt, die Steine gewannen ihre Bedeutung nicht nur durch den Ort ihrer Herkunft, sondern auch durch den Ort ihrer Ablage. Dies steht im Widerspruch zu anderen materiellen Relikten, die aufgrund ihrer Herkunft als heilig angesehen wurden und so ausschließlich und überall als Erinnerung an ihre Herkunft fungieren konnten.

## *De duobus montibus* – theologische, typologische und teleologische Verbindungen

Die wunderbare Übertragung der Steine reflektiert und stellt, wie schon angesprochen, eine bereits lange zuvor bestehende theologische Verbindung zwischen den Bergen Sinai und Zion wieder her. Diese hat ihre Wurzeln in der Heiligen Schrift:

21 Vergleichbar ist der wundersame Transport eines Steines nach Jerusalem in jüdischen Quellen, s. Keshman, Anastasia: Night Flight to Jerusalem: A Narrative for a Far-Away Holy Place, in: *Jerusalem as Narrative Space/Erzählraum Jerusalem*, Leiden 2012, S. 486–487.

König Salomon brachte die Gesetzestafeln, die Moses auf den Berg Sinai empfangen hatte, zum Tempel in Jerusalem (1.Könige 8: 1–9). In ihrer neuen Umgebung verkörperten die Steintafeln die spirituelle Essenz der Gesetzesverkündung auf dem Berg Sinai.[22] Im Neuen Testament erfährt die Verbindung der Berge eine neue Deutung, werden sie doch im Hebräerbrief einander gegenübergestellt: Sinai als der materielle, israelische Berg und Zion als der spirituelle, christliche.[23] Dieser Gegensatz ist dann in theologischen Schriften aufgenommen und weiter ausgeführt worden, etwa in dem anonymen Text *De duobus montibus* aus dem 3. Jahrhundert, der etymologische Argumente für die Überlegenheit des Berges Zion, des Ortes der Kreuzigung, gegenüber dem Sinai anführt, dessen Name, diesem Text zufolge, vom hebräischen Wort שנאה, Sina'h (Hass) herrührt.[24] Dem heiligen Augustinus zufolge heißt es: „Dort (auf dem Berg Sinai) finden wir Rauch, hier (auf dem Berg Zion) finden wir helles Feuer".[25] Die Übergabe der Tora an die Israeliten auf dem Berg Sinai präfiguriert demnach die Ausgießung des Heiligen Geistes an die Jünger Christi auf dem Berg Zion. Diese Deutung wird verständlich, wenn man weiß, dass sich die Identifizierung des Berges Zion in der Topographie Jerusalems während des 1. Jahrhunderts veränderte. Mit dem Berg Zion wurde nicht mehr der Ort des Jüdischen Tempels bezeichnet, sondern stattdessen ein süd-westlich gelegener Hügel, der sich von der Grabeskirche und dem Ort der Kreuzigung im Norden bis zur Kirche des Berges Zion im Süden erstreckte.[26] Diese Veränderung ging Hand in Hand mit der Identifizierung der Grabeskirche als neuem Tempel, der den alten Jüdischen Tempel von Jerusalem ersetzte.[27]

22 Bernbaum, Edwin: *Sacred Mountains of the World*, San Francisco, 1990, S. 100. Zu den beiden Bergen als sich wechselseitig spiegelnde in der Hebräischen Bibel, siehe Zakovitch, Yair: Who Proclaims Peace, Who Brings Good Tidings, in: *Seven Visions of Jerusalem's Peace*, Haifa 2004, S. 145–166 (hebräisch).

23 Hebräer 12. 18–22.

24 Migne, J.-P. (Hg.): *De montibus Sina et Sion,* in: *Cypriani, Opera omnia, Patrologiae Cursus Completus: Series Latina*, 221 Bd., Paris 1844–1864 [im Folgenden:PL], Bd. 4 (1844), Spalte 909–918. Englische Übersetzung in: Laato, Anni Maria: *Jews and Christians in De Duobus Montibus Sina et Sion: An Approach to Early Latin Adversus Iudaeos Literature*, Åbo 1998, S. 170–181. Der anonyme Autor vergleicht den Berg Zion mit dem Berg Sinai, um die geographischen und spirituellen Territorien zweier Völker zu bestimmen: Juden und Christen. Demnach repräsentiert Sinai die Erde, das Alte und das Diesseitige, Zion den Himmel, das Neue und die spirituelle Welt. Laato, S. 168 datiert den Text nicht später als Mitte des dritten Jahrhunderts.

25 Sermon 155.6: 'illic etiam fumus, hic vero ignis serenus', zit. bei Lubac, Henri de: *Medieval Exegesis: The Four Senses of Scripture*, 3 Bd., Edinburgh 1998, Bd.1, S. 243.

26 Tsafrir, Yoram: *Zion – The South Western Hill of Jerusalem and its Place in the Urban Development of the City in the Byzantine Period*, unveröffentlichte Dissertation, The Hebrew University of Jerusalem, Jerusalem, 1975, S. 6–7 [hebräisch]; Walker, P. W. L: *Holy City, Holy Places? Christian Attitudes to Jerusalem and the Holy Land in the Fourth Century*, Oxford 1990, S. 282–285. Die neuere Identifikation des Berges Zion mit dem südwestlichen Hügel wurde anerkannt.

27 Zum Transfer von Traditionen vom „jüdischen" Berg Zion (Berg Moriah) auf den „christlichen" Berg Zion (Golgatha), s. Schein, Sylvia: Between Mount Moriah and the Holy Sepulchre: The Changing Traditions of the Temple Mount in the Central Middle Ages, in: *Traditio* 40 (1984), S. 175–195.

Auf die Parallele zwischen dem Berg Sinai und dem Berg Zion wird noch im Mittelalter angespielt, so z.B. in den Pfingstpredigten von Abaelard.[28]

Die Beziehung zwischen beiden Bergen, die in der Legende greifbar wird, wie sie in Pilgerberichten überliefert ist, geht also auf die Bibel zurück und wurzelt tief im christlichem Denken. Sie folgt dabei dem Modell der Typologie, indem sie die beiden Berge und die mit ihnen verbundenen Ereignisse in eine Beziehung bringt. Der Berg Zion tritt nicht einfach an die Stelle des Berges Sinai, wie dies das Narrativ der Legende nahelegen könnte. Vielmehr verbindet die Typologie beide Berge auf komplexere Weise. Die Offenbarung auf dem Sinai ist eine Vorausdeutung auf diejenige, die sich auf dem Zion vollzieht. Die rote Farbe der Steine vom Sinai evoziert nicht allein die Feuertheophanie des Sinai,[29] sondern ebenso die feuerähnliche Theophanie auf dem Berg Zion, die Feuerzungen, die an Pfingsten auf die Köpfe der Jünger fielen. Auch die bereits erwähnte materielle Dimension der Beziehung beider Berge lässt sich in diesem Sinne typologisch verstehen: Die Übertragung der zwei Steine in der Legende ist das Echo des Transfers der zwei *steinernen* Gesetzestafeln, die Moses auf dem Sinai empfing und die Salomon auf den Berg Zion brachte. Die Typologie von Sinai und Zion, die der Legende zugrunde liegt, zeigt, dass der Berg Zion das *telos* des Berges Sinai ist: Nur auf Zion konnten die Steine vom Sinai ihre ganze Bedeutung entfalten.

## Ein Stein, der ohne Hände aus dem Berg herausgeschlagen wurde und die ganze Erde füllte

In der Legende heißt es, die Steine seien vom Sinai auf Händen von Engeln zum Berg Zion getragen worden. Eine diesem wundersamen Transfer vergleichbare Geschichte wird auch von Theodosius aus dem 5. Jahrhundert überliefert, der von allerdings misslungenen Versuchen berichtet, einen heiligen Stein von Jerusalem nach Konstantinopel zu bringen:

> Da ist ein Ort drei Meilen von der Stadt Jerusalem entfernt. Als die Herrin Maria, die Mutter des Herrn, nach Bethlehem kam, stieg sie von der Eselin, setzte sich auf einen Felsen und segnete ihn. Dieser Praepositus Urbicius aber schnitt diesen Stein heraus, machte ihn würfelförmig nach Art eines Altars und wollte ihn nach Konstantinopel transportieren. Als er zum Tor des hl. Stephanus kam, konnte er ihn schon nicht mehr bewegen. Ein Joch Ochsen zog den Stein, und als man sah, dass man ihn auf gar keine Weise mehr bewegen konnte, wurde er zum Grabe des Herrn zurückgeschickt, dort ein Altar aus diesem Felsen gemacht und auf diesem Altar die Kommunion gehalten. Er ist

28 PL 178, P. 505–512 (sermo xviii). Auch in den visuellen Medien wurde der Berg Sinai oft mit dem Berg Zion parallelisiert, z.B. in der *biblia pauperum*.

29 Vgl. die Diskussion oben. Außer dem brennenden Dornbusch und der Übergabe der Torah wird eine weitere biblische Theophanie auf dem Berg Sinai loziert: Gott selbst offenbarte sich den Israeliten während er sie aus Ägypten durch die Wüste Sinai führte, indem er bei Tag als Wolkensäule, bei Nacht als Feuersäule erschien.

> hinter dem Grabe des Herrn. Dieser Praepositus Urbicius aber starb unter Kaiser Anastasius in Konstantinopel … Den Urbicius nahm die Erde nicht auf, dreimal warf ihn das Grab aus.[30]

In der von Theodosius erzählten Geschichte konnte der heilige Stein durch kein Mittel aus der Stadt herausgebracht werden. Darüber hinaus wird die Weigerung der Erde, die Gebeine des Urbicius zu empfangen, als Rache im Namen der Steine der Erde (den ‚Gebeinen der Erde' in Ovids Worten) interpretiert.[31] In diesem Fall reagierten die Steine wie die Erde auf die externen Kräfte, die sie wegschaffen wollten, indem sie an ihrem ursprünglichen Ort zu bleiben insistierten. Im Fall der Steine vom Berg Sinai erfährt deren Translatio eine göttliche Bestätigung, weil sie durch die Hände von Engeln erfolgt.[32] Unterstrichen wird dies durch die Leichtigkeit, mit der die Engel die schweren Steine – einige Pilger sprechen von sehr großen Steinen – fort trugen.

In der Erzählung von einem Stein, der ohne menschliches Zutun von einem Berg auf den anderen gebracht wird, klingt die biblische Erzählung aus dem Buch Daniel von dem Stein nach, der Nebukadnezar im Traum erschien: In seinem Traum sah der König von Babylon ein riesiges Standbild, dessen Kopf aus Gold bestand, seine Brust und Arme aus Silber, sein Leib und seine Lenden aus Bronze, seine Schenkel aus Eisen und seine Füße aus Eisen und Ton. Ein Stein, der ohne Zutun von Händen aus dem Berg herausgebrochen ward (de monte abscisus est lapis sine manibus) traf die Füße der Statue und ließ sie zerbrechen. Der Stein, der das Bild zerschmettert hatte, ward ein großes Felsmassiv, das die gesamte Welt füllte (Daniel 2:31–35). In der patristischen Exegese dieser Passage bei Daniel wird der Stein, der ohne Hände aus dem Berg herausgebrochen wurde, als Christus interpretiert, der ohne menschliches Zutun aus dem Leib Mariens geboren wurde.[33]

30 Donner, Herbert: *Pilgerfahrt ins Heilige Land: die ältesten Berichte christlicher Palaestina-Pilger (4.–7. Jahrhundert)*, Stuttgart 1979, S. 221–222.

31 Ovid: *Metamorphosen*, Buch 1:390–394.

32 Zur Translatio der Relikte von Heiligen: "Narratives of relic translations often focused on the idea of recontextualizing the relics at a new site, and on the saint's ability to express an opinion, through miraculous intervention, about the translation itself. Saints were often believed to interfere with or contribute in some way to their own translations, by making their relics miraculously heavy or causing other trouble", Chaganti, Seeta: *The Medieval Poetics of the Reliquary: Enshrinement, Inscription, Performance*, New York 2008, S. 57 und Anm. 22.

33 Z.B. Augustinus: „De quo monte praeciditur, nisi de regno Iudaeorum, unde Dominus noster Iesus Christus secundum carnem natus est? Et praeciditur sine manibus, sine opere humano, quia sine amplexu maritali de virgine exortus est": Augustinus, (*Enarrationes in Psalmos LI–C*, hg. von. Dekkers D. E, Fraipont, I., CCSL 39, Turnhout 1956), Kap. XCVIII, 1391–1392. Vgl. Hieronymus, „Epistula LXI", Epistularum pars I–Epistulae I–LXX, Hilberg I., CSEL 54, Wien 1996, S. 582. Zur bildlichen Repräsentation dieser Exegese im Khludov Psalter (2. Hälfte 9. Jahrhundert) und dem Theodore Psalter (1066), der Maria als Berg zeigt mit dem Christuskind in ihren Armen, und dem Stein, der ohne menschliches Zutun herausgehauen war, in einer separaten Form am Fuß des Berges, s. Corrigan, Kathleen Anne: *Visual Polemics in the Ninth-Century Byzantine Psalters*, Cambridge 1992, S. 37–42.

Auch die legendarische Überlieferung von den aus dem Berg Sinai herausgelösten und auf dem Berg Zion abgelegten Steinen erscheint als eine reich texturierte Überblendung von Erzählungen und Orten, die sich um die Figur Mariens drehen. Eine Beziehung zwischen Maria und dem Berg Sinai stellt z.B. der brennende Dornbusch her, der als Allegorie der Jungfräulichkeit interpretiert wurde.[34] Der Berg Zion ist mit Maria durch die Bundeslade verbunden, die als Allegorie ihres Körpers galt.

Indem sie das theologische und typologische *telos* des Berges Sinai auf dem Berg Zion bilden, dienen die Steine als materielles und visuelles Argument für die Verbindung der Berge und verdichten verschiedene Zeiten und Lokalitäten: die beiden Berge, Ereignisse aus dem Alten und dem Neuen Testament, das Leben der Jungfrau und die Gegenwart der Pilger in der Landschaft des Heiligen Landes. Steine als natürliche Materialien, denen physisch wie metaphorisch Stabilität und Dauerhaftigkeit zukommt, waren dafür besonders geeignet.

Im 17. Jahrhundert schließlich ist eine andere Version der Erzählung in den Pilgerberichten belegt.

> So siehet man auch in einer Arth einer vor-Capelle dieser Kirche / drey grosse Steine / die nicht polirt sind / auff der Seite eines Altars. Sie haltens sehr kostbar / und sagen / das eine sey der Stein / auff welchem Moses die zwo Taffeln zerschlagen / als er sie wegen der Abgötterey der Israëliten / im Unmuth entzwey gebrochen: Und die anderen zwey seyen hergebracht worden / einer von dem Orth der Tauffe Unsers Heylandes/ und der andere von demjenigen / an welchem Er verkläret worden.[35]

Diese letzte Version der Tradition, wie sie heute akzeptiert wird, verwischt die lange gültige teleologische Verbindung zwischen Sinai und Zion, indem sie die Offenbarung des Sinai zusammen mit der Offenbarung des Berges Tabor (Transfiguration) und dem Fluss Jordan (die Taufe Christi mit dem Heiligen Geist, der zu ihm sprach) verbindet. Gleichwohl blieben es weiterhin Steine, die diese Ereignisse zugleich physisch belegen und in Erinnerung rufen sollten.

34 Harris, Enriqueta: Mary in the Burning Bush: Nicolas Froment's Triptych at Aix-en-Provence, in: *Journal of the Warburg Institute*, Bd. 1, No. 4 (1938), S. 281–286.

35 Maundrell, Henrich: *Gantz neue Reise-Beschreibung nach dem Gelobten Lande*, Hamburg 1706, S. 136–137.

Petra Lange-Berndt

# COSMIC DEBRIS

## Meteorite in der zeitgenössischen Kunst

Meteorite sind Festkörper außerirdischen Ursprungs, vom Himmel gefallene Steine, aufgeschlagen auf unserem Planeten.[1] Solche Aerolithen, die in einer unvorstellbaren Geschwindigkeit Millionen von Jahren durch das All geflogen sind, stehen für die Metamorphose von Stoffen, in semantischer wie materieller Hinsicht: Meteoride treten in unsere Atmosphäre ein und werden zu Leuchterscheinungen, zu Meteoren.[2] Wie beim Aufschlag im Tennissport wird mit dem Aufprall von extraterrestrischem Material auf das Erdreich ein Ballwechsel eröffnet, wenn schließlich ein Meteorit entsteht. Luftsteine stehen in diesem Sinne für einen Auftakt, und ihre Reise wurde seit Jahrhunderten dokumentiert.[3] Schon immer verhießen sie den Zugang zum Wissen um den Kosmos, unsere Vergangenheit und Zukunft, denn sie sind gemeinsam mit Mond und Erde, also mit unserem Sonnensystem, vor rund 4.6 Milliarden Jahren entstanden.[4] Wie es der Soziologe, Literaturkritiker und Philosoph Roger Callois allgemein in Hinsicht auf Steine beschreibt:

> Ihr Ursprung liegt vor dem Menschen; und der Mensch hat seit seinem Auftreten keine Spuren seiner Geschicklichkeit oder seines Fleißes an ihnen hinterlassen. Er hat sie nicht bearbeitet, sie zu keinem alltäglichen, luxuriösen oder historischen Gebrauch bestimmt. Sie verewigen nur ihr eigenes Gedächtnis.[5]

1 Es handelt sich um Überreste von Kometen oder um sogenannte interplanetare Materie; siehe Sfountouris, Argyris: *Kometen, Meteore, Meteoriten. Geschichte und Forschung*, Rüschlikoon-Zürich u.a. 1986, S. 148, 151, 156.

2 Brandstätter, Franz; Ferrière, Ludovic: Eine kurze Geschichte über Meteoriten, in: *Meteoriten. The Munich Show*, Mineralientage München, Neumünster, Hamburg 2014, S. 18–29, hier S. 21.

3 Siehe beispielsweise Olson, Roberta J. M.: *Fire and Ice: A History of Comets in Art*, Ausst.-Kat. National Air and Space Museum, Smithsonian Institution Washington D.C. 1985; Olson, Roberta J. M.; Pasachoff, Jay M.: *Fire in the Sky. Comets and Meteors, the Decisive Centuries, in British Art and Science*, Cambridge 1998; Widauer, Nives (Hg.): *Meteoriten – was von Außen auf uns einstürzt*, Zürich 2005; Wagner, Monika: Besuch aus dem All. Der Stein vom Mond und die Magie der Berührung, in: Helas, Philine u.a. (Hg.), *Bild/Geschichte. Festschrift für Horst Bredekamp*, Berlin 2007, S. 87–100.

4 Sfountouris 1986 (wie Anm. 1), S. 169, 173.

5 Caillois, Roger: *Steine* (1966), München 1983, S. 5.

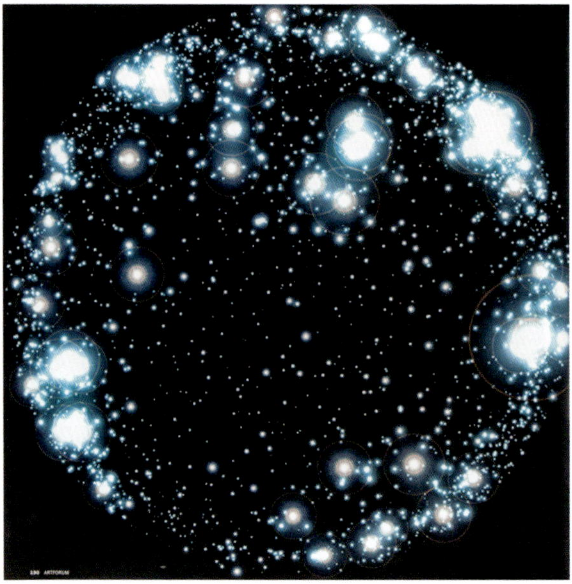

1 | Lise Autogena und Joshua Portway: *Black Shoals Stock Market Planetarium*, 2001/2004. Installation in der Tate Modern, London.

Es handelt sich bei außerirdischen Steinen um Stoffe, die älter sind als die Menschheit und ihre Kulturgüter. Sie sind unbelebte Zeugen und Überlebende von Explosionen und Reisen, der Geschichte des Weltalls sowie unserer Erde; außerirdisches Material macht Zeit sowie eine Vorstellung von Ewigkeit anschaulich. Und finden sich Meteorite im Kunstkontext wieder, handelt es sich um die älteste zeitgenössische Kunst, die je erblickt wurde. Vor allem seit den 1960er Jahren, seit dem *Space Race* des Kalten Krieges, setzten sich Künstlerinnen und Künstler vermehrt mit der Materialität von Himmelssteinen sowie ihren Reisen auseinander. Dabei werden neben der Fahrt durch das Weltall vor allem die irdischen Ortswechsel thematisiert, denn es gab schon immer einen lebhaften Handel mit Meteoriten.

Eine Installation von Lise Autogena und Joshua Portway thematisiert die heutigen, planetarischen Dimensionen der Finanzwelt. Ihr *Black Shoals Stock Market Planetarium* besteht aus einer Kuppel, in der tausende schimmernde Lichtpunkte aufleuchten und über diesen Weltinnenraum huschen (Abb. 1). Jede dieser elektronischen Sternschnuppen verweist dabei auf die Aktie eines Börsenunternehmens: In der Tate Gallery in London war dieses Werk mit dem Reuters News-Feed verbunden. Die Erscheinungen verändern ihre Konstellation je nach Häufigkeit der finanziellen Transaktionen. Es bilden sich temporäre Muster, und in dieser Kosmologie wird allein die Unendlichkeit der Finanzwelt als Bestimmung menschlicher Aktivität vorgestellt. Doch der Finanzmarkt muss nicht als alles vereinnahmende Sphäre oder unser natürliches Habitat gedacht werden und diese Installation macht es relativ leicht, in den Umraum zu entkommen. Meteorite als Material zeitgenössischer Kunst – etwa der Klumpen aus einer Nickel-Eisen-Legierung, der sich in der Arbeit von Chris Burden *Porsche with Meteorite* aus dem Jahr 2013 die Balance mit einem restaurierten Porsche 914 hält – helfen, diese abstrakte Simulation zu verdinglichen und einer handfesteren Untersuchung zuzuführen.

## Bull's Eye

Meteoriten sind kein passives Material sondern gewissermaßen die Rache aus dem Weltall. Fallende Sterne stellen brennende Verheißung wie Bedrohung dar, wenn sie als Feuerball, mit Blitz, Knall und Donner und in verschiedenen Farben leuchtend den Himmel in Aufruhr versetzen.[6] Zunächst erscheinen sie als audiovisuelles Phänomen, und oft verglühen die eintretenden Körper vollständig. Vereinzelt wurde jedoch von Explosionen, Verwüstungen, Druckwellen oder gar magnetischen Störungen berichtet, wenn die Steine nach langer Reise auf die Erde aufprallen[7] – ähnlich jenen, die nach Atombombenexplosionen verzeichnet werden. Auch wenn ein Aufschlag temporär ist und in Bruchteilen von Sekunden vorübergeht, so hinterlässt ein solches Ereignis im Falle von Meteoriten gewichtige Ergebnisse – was von der Feuerkugel übrig bleibt, was die Reise übersteht, ist ein meist unscheinbarer, schwerer Klumpen – Himmelssteine erden göttliche Erscheinungen und Ephemeres. 1986 schlug ein Meteorit mit aller Wucht im Kunstsystem ein: Sigmar Polke, der sich durch Malerei, Zeichnungen und Fotografien schon länger für das Weltall, UFOs und psychedelischen Sternenstaub interessiert hatte, präsentierte einen Stein aus dem Weltall innerhalb seiner komplexen Installation *Athanor* im deutschen Pavillion der Biennale von Venedig; ursprünglich sollte sogar ein Einschlagsloch dessen Reise beglaubigen (Abb. 2).[8] Der aus dem Ruhrlandmuseum Essen ausgeliehene Eisenmeteorit, bislang höchstens als „Stolperstein" erwähnt,[9] soll vor Jahrtausenden in ein afrikanisches Flussbett gestürzt sein. Und dieses außerirdische Material versetzt die nach nationalen Gesichtspunkten geordneten Giardini sowie vor allem den deutschen Pavillon mit seiner NS-Vergangenheit in Bewegung. Denn eine Fokussierung auf das ungewöhnliche Ding hilft, die politische Dimension dieser Installation zu verdeutlichen, die demonstrativ durch das Gemälde mit dem Polizeischwein an der Fassade, *Sieht man ja, was es ist* sowie einem Bild der *Amerikanisch-mexikanische[n] Grenze* (beide 1984) zur Schau gestellt wurde. Zudem regnete es während der Eröffnung Blattgold:[10] Ist der Stein der Weisen gefunden worden? Ähnlich wie in Robert Smithsons site/non-site

6 Siehe zu den Geschichten und Mythen, die den Niedergang von Meteoriten begleiten, Petersen, Regine (Hg.): *A Brief History of Meteorite Falls*, Hamburg 2014.

7 Sfountouris 1986 (wie Anm. 1), S. 164.

8 Glozer, Laszlo: Mutmassungen über Polke in Venedig, in: *Parkett* 30 (1991), S. 74–79, hier S. 79.

9 Siehe ebd., S. 77.

10 Ebd., S. 79; demnach handelte es sich um eine Anspielung auf den sauren Regen.

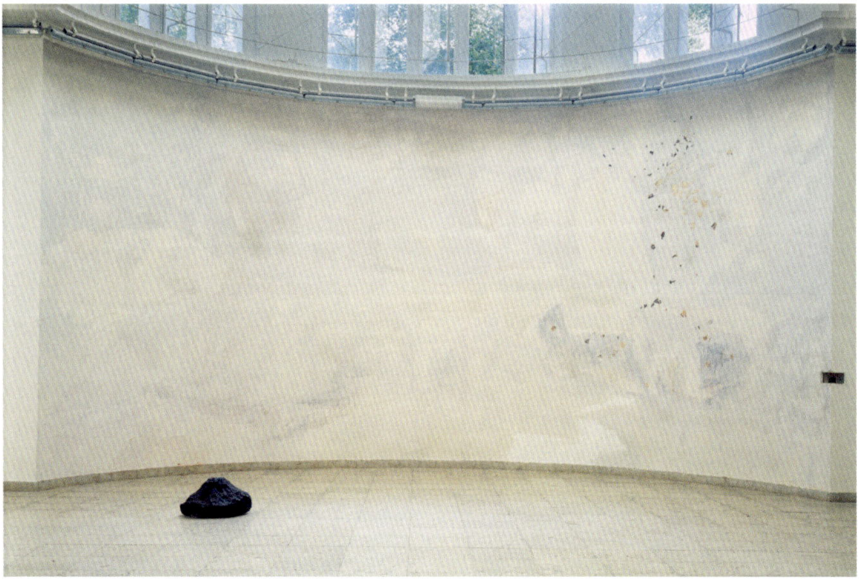

2 | Sigmar Polke: *Athanor*, 1986. Detail: Hydrowandmalerei mit Cobalt(II)-chlorid, Eisenmeteorit, Deutscher Pavillon der Biennale Venedig.

Projekten mit Steinen verweist auch der in die Installationen verpflanzte Meteorit auf den Landstrich, auf den er einst aufprallte; somit infiltriert ein *alien resident* aus Afrika den deutschen Pavillon. Der Meteorit wurde ohne Sockel auf dem Boden der Konche des deutschen Pavillons präsentiert; er erinnert an sakrale Inszenierungen. Derartige Himmelssteine galten in unterschiedlichen Kulturen als göttliche Sendung – den Ureinwohnern Nordamerikas dienten sie als Kultobjekte, sie wurden in christlichen Kirchen gezeigt, einer wird in einem japanischen Shinto-Tempel verwahrt und es exisitieren Gerüchte, dass der „schwarze Stein" der Kaaba in Mekka ein Meteorit sein könnte.[11] Genauer erinnert Polkes Meteorit an ein Taufbecken in der 1956 errichteten St. Michaels Kathedrale von Coventry. Vor einem riesigen Fenster aus buntem Glas findet sich im Baptisterium ein Findling aus Bethlehem, der den während der Geburt Jesu gefallenen Stern verkörpert. Doch besitzt Bruchgestein an diesem Ort noch eine weitere Bedeutung. Denn die Kirche wurde 1940 bei einem Angriff der deutschen Luftwaffe zerstört und ihre Ruinen, die an den Neubau anschließen und während der DDR-Zeit symbolisch mit den Überresten

11 Brandstätter; Ferrière 2014 (wie Anm. 2), S. 18f.; Graf, Bernhard: Geschenke des Himmels. Meteoriten im Wandel von Geschichte und Religion, in: *Meteoriten. The Munich Show*, 2014 (wie Anm. 2), S. 126–185, hier S. 149f. Dass es sich bei dem Stein der Kaba um einen Meteoriten handelt ist unwahrscheinlich, siehe Burke, John G.: *Cosmic Debris: Meteorites in History*, Berkeley, Los Angeles, London 1986, S. 221.

der Dresdner Frauenkirche verbunden waren, bilden bis heute ein Mahnmal. Doch können Ruinen im Sinne von Georg Simmel zu Orten werden, an denen zerbrochene Steine und Menschen kollaborieren.[12] Ruinen würden dann weder allein Anlass zur Melancholie geben noch ausschließlich Monumente des Trauerns darstellen, sondern für unsere Handlungsmacht stehen. In diesem Zusammenhang ist es entscheidend, dass das Hauptanliegen von *Athanor* – der Titel verweist auf einen speziellen Ofen der Alchemisten – als Hoffnung auf die permanente Verwandlung in der mystischen Transsubstantiationslehre sowie Rückführung der irdischen Materie zu ihrem Ursprung im Kosmos beschrieben wurde, wobei diese Verwandlung ebenso der Psyche des involvierten Künstlers galt.[13] Doch stellt der ausgestellte Himmelsstein bei näherer Betrachtung alchemistische Erzählungen auf den Kopf, sofern einem arabischen Mythos Glauben geschenkt wird. Ein Himmelsstein, der 1863 in Marokko gefunden und in der Oase Tamantit vor einer Moschee platziert wurde, soll zunächst aus purem Gold bestanden haben. Das Fundstück rief sofort Streit um seinen Besitz hervor, so dass Gott den Stein in Silber verwandelte, doch der Streit hielt an. Daraufhin wurde der Meteorit zu Eisen, so dass alle ihr Interesse an ihm verloren.[14] Wie es der Erfinder der kritischen Paranoia, Salvador Dalí, schreibt, sahen für ihn zumindest die Meteoriten des Naturhistorischen Museums in Paris ohnehin nur aus „wie Eisenschlacke, wie Scheiße."[15] Polke sucht mit *Athanor* weniger nach Gold, sondern thematisiert vielmehr mit Nachdruck die Eigentätigkeit von Materialien: Der Präsentationsort des Meteoriten, die Konche des Pavillons, wurde mit einer Hydro-Wandmalerei aus Cobalt(II)-chlorid versehen, die je nach Luftfeuchtigkeit und im Rhythmus der Tageszeiten rosa oder eisblau erschien.[16] Der

12 Simmel, Georg: Die Ruine (1907), in: ebd.: *Jenseits der Schönheit. Schriften zur Ästhetik und Kunstphilosophie*, Frankfurt am Main 2008, S. 34–41.

13 Dickel, Hans: Über Natur und Kunst in Sigmar Polkes Athanor (Venedig 1986), in: *kritische berichte* 4 (1991), S. 63–76, hier S. 72.

14 Lacroix, Alfred: Le Fer météorique de l'Oasis de Tamantit dans le Touat, in: *Académie des Sciences, Paris, Comptes Rendus* 184 (1927), S. 1217–1220; Burke 1986 (wie Anm. 11), S. 225f.

15 Dalí, Salvador: Bemerkungen – Mitteilungen (1933), in: ders.: *Unabhängigkeitserklärung der Phantasie und Erklärung der Rechte des Menschen auf seine Verrücktheit. Gesammelte Schriften*, hg. von Matthes, Axel; Stegmann, Tilbert Diego, München 1974, S. 178–181, hier S. 179. Für Mike Kelley stellen Meteorite – Berichten aus dem 16. Jahrhundert zufolge – ebenfalls abjekte Materialien dar, siehe Kelley, Mike: The Aesthetics of Ufology (1997), in: ders.: *Minor Histories: Statements, Conversations, Proposals*, hg. von Welchman, John, Cambridge. Mass 2004, S. 400–413, hier S. 402.

16 Des weiteren besteht die Installation aus einem Uranglasblock mit seinen unsichtbaren Strahlen, Thermobildern, die auf menschliche Wärme reagieren, Malereien mit Silberverbindungen, die sich durch Lichteinwirkung verdunkeln, Bildern aus Indigoblau, aus dem Purpurrot mediterraner Meeresschnecken, monochromen Tafeln mit Realgar, Azurit, Malachit, Auripigment, die sich auf die Farbenlehre des tibetanischen Gelehrten Sum-pa mkhan-po beziehen (Siehe Oppitz, Michael: Ocre, Or, Cinabre Encre, Encre, Turquoise, in: Ausst.-Kat. *Sigmar Polke*, Paris 1988, S. 25–27), einem Bergkristall, der in Arkansas gefunden wurde, einem Künstlerbuch mit geisterhaften Fotografien sowie Filmen, welche die Herstellung von Athanor kommentieren, Ausst.-Kat. *Athanor,* Biennale Venedig 1986; Stemmler, Dierk: Pavillion BRD: Sigmar Polke, in: *Kunstforum International*, 85 (September–Oktober 1986), S. 182–187, hier S. 184. Für eine zweite

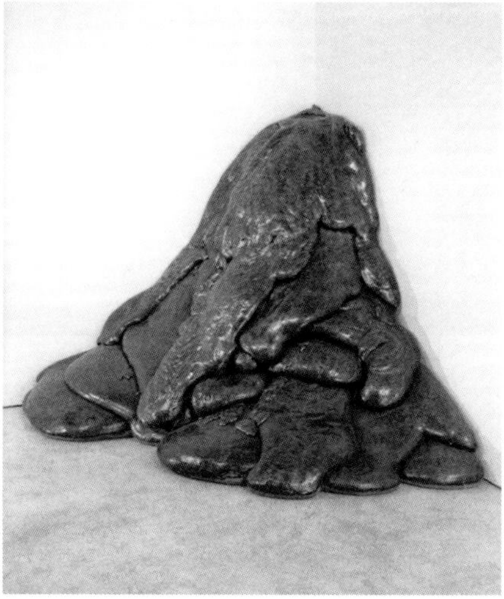

3 | Lynda Benglis: *Quartered Meteor*, 1969. Polyurethanschaum (1975 entstand eine Version aus Aluminium), Höhe 166 cm, Tate Modern, London.

Meteorit ist keineswegs als Gegensatz zu dieser Vitalität zu verstehen, denn das Metallkonglomerat könnte geschmolzen werden, um den Beginn eines alchemistischen Experimentes zu bilden, in dem sich Stoffe und die mit ihnen verbundenen Geschichten beständig wandeln. Diese Metamorphose hat in der populären Imagination bereits stattgefinden, so handelt der B-Movie *The Blob* von einem Meteoriten, der eine merkwürdige gallertartige Masse birgt, die nach und nach anwächst und droht, eine ganze Stadt zu verschlingen.[17] Lynda Benglis setzte sich mit derartigen Vorstellungen von Formlosigkeit auseinander, als sie 1969 eine Installation namens *Quartered Meteor* aus formlosen Polyurethanschaum entwarf, die 1975 in Aluminium gegossen wurde (Abb. 3).

Doch bei dem Konzept des belebten Meteoriten handelt es sich nicht allein um Science Fiction. So stellten etwa der Astronom und Mathematiker Fred Hoyle und der Astrophysiker Chandra Wickramasinghe 1978 in ihrem Buch *Lifecloud* die Theorie auf, dass Kometen in interstellaren Wolken entstehen, in denen sich auch organische Moleküle befinden. Mit dem Wachsen von Materieklumpen in diesen Wolken bilden sich kompliziertere organische Moleküle, die als Vorstufe des Lebens gelten und über spezielle Zellwände verfügen, die ihre Zerstörung durch die Ultraviolettstrahlung verhindern. Im Laufe der Zeit wachsen dieser Theorie zufolge in Kometen primitive Formen von Leben heran, und mit dem Einfangen von Kometen durch die Planetensysteme des Universums wird dieses Leben überall-

Inszenierung von *Athanor* im selben Jahr im Museum Abteiberg wurden Meteorit sowie Kristall auf grau gestrichenen Sockeln präsentiert.

17 Rübel, Dietmar: *Plastizität*, München 2012, S. 169 ff.

hin verstreut.[18] Ob nun dieser Theorie Glauben geschenkt wird oder nicht – die reisenden außerirdischen Steine verweisen auf planetarische Dimensionen unseres Ökosystems. Und das Generalthema der 42. Biennale hieß „Umwelt“: Auch Sigmar Polke thematisiert mit *Athanor* die Verbindung zwischen Kunst und Naturgeschichte, wenn kosmische und irdische Materialien einander begegnen,[19] wobei in diesem Fall der Meteorit, wie schon so oft in der Geschichte, als unheilvolles Omen fungiert.[20] Kometeneinschläge wurden auch für das Erlöschen von Lebensformen auf der Erde verantwortlich gemacht, für erdgeschichtliche Katastrophen sowie für Artensterben. Dementsprechend beschrieben Rezensenten die Stimmung des deutschen Pavillons als „venezianische Apokalypse“[21] oder „Szenarien einer Katastrophe“.[22] Polkes Arbeit bezieht sich auf das Zeitalter der Weltraumfahrt und vor allem auf Kernspaltung und Wärmetheorie. Sie erinnert daran, wie es Hans Dickel beschreibt, dass Industrialisierung und Moderne mit Naturzerstörung einher gehen. Trotz aller Rationalitätsansprüche wirken dabei noch immer die alten magischen Vorstellungen nach, etwa der Mythos vom leichten Goldgewinn, der wiederkehrt im Mythos von der leicht zu erzeugenden Kernenergie; der Alchemie vergleichbar fordern auch die Atomkraftwerke einen hohen Kosteneinsatz und die Bereitschaft zu einem Restrisiko.[23] Und das Unheil trat tatsächlich ein: Am 26. April 1986, nur kurz vor der Eröffnung von *Athanor*, explodierte das Kernkraftwerk von Tschernobyl.

## Irdische Reisen

Aber wie es die zeitgenössische Version eines Planetariums von Lise Autogena und Joshua Portway andeutet: Wo Sterne Geldflüsse visualisieren, sind auch die irdischen Reisen von Himmelskörpern neben Ökologie mit konkreten Ökonomien verbunden. 1826 reiste der britische Konsul Woodbine Parish nach Argentinien, um Großbritanniens Anerkennung der Unabhängigkeit des Landes von Spanien Ausdruck zu verleihen. Als Dank erhielt er einen 634 kg schweren Meteoriten vom Campo del Cielo im Norden des Landes, der in die Sammlung des Londoner British Museum und später in das Natural History Museum einging.[24] Wie auch koloniale Empires, Flotten

18 Sfountouris 1986 (wie Anm. 1), S. 175 f.; siehe zum Leben in Meteoren auch Burke 1986 (wie Anm. 11), S. 166 ff., 312 ff.

19 Siehe Papike, J.J. (Hg.): *Planetary Materials* (= Reviews in Mineralogy, Bd. 36), Washington D.C. 1998.

20 Burke 1986 (wie Anm. 11), S. 216.

21 Gloszer 1991 (wie Anm. 8), S. 79.

22 Dickel 1991 (wie Anm. 13), S. 73.

23 Ebd., unter Verweis auf Eliade, Mirchea: *The Forge and the Crucible. The Origins and Structures of Alchemy*, Chicago, $^2$1978, S. 177–178.

24 Burke 1986 (wie Anm. 11), S. 181, siehe auch Pruden, Hernán: Notizen für eine Geschichte des El Taco, in: Faivovich, Guillermo; Goldberg, Nicolás, *The Campo del Cielo Meteorites – Bd. 1: El Taco*, Ostfildern-Ruit 2010, S. 151–160, hier S. 152. Die „Pueblos Originarios“ nannten

und Armeen signalisierte eine Meteoritensammlung während Nationalismus und Kolonialismus das wissenschaftliche Ansehen sowie die politische Macht eines Landes.[25] Die Künstler Guillermo Faivovich und Nicolás Goldberg widmeten sich im Rahmen der documenta 13 von 2012 speziellen Reisen von Himmelssteinen sowie den Bedeutungen, die sie generieren. Innerhalb ihrer Forschungen hat sich das Künstlerduo seit 2006 mit dem Campo del Cielo beschäftigt, eine Auseinandersetzung, die bis dato zwei Aktionen zur Folge hatte.[26] Auf diesem abgelegenen Meteoritenfeld in einer der ärmsten Provinzen Argentiniens, Chaco, ging vor rund 4000 Jahren ein Meteoritenregen nieder, und der Aufschlagwinkel der außerirdischen Eisenklumpen war flach genug, um diese nicht zerbrechen zu lassen. Faivovich und Goldberg wollen durch ihre Kunst Politik, Wissenschaft sowie die Bevölkerung auf diesen Schatz aufmerksam machen und seine Aufarbeitung fördern. Vor zwanzig Jahren arbeiteten im staatlichen Institut für Geologie und Bergbau noch hunderte von Wissenschaftlern, dann wurde unter dem neoliberalen Präsidenten Carlos Menem die Forschung radikal abgebaut, bis jüngst nur noch vier Personen in dieser Institution tätig waren.[27] Für ihre erste Aktion beschäftigten sich Goldberg und Faivovich mit dem Planetario Galileo Galilei in Buenos Aires, einem Betonbau aus den 1970er Jahren. Diese Art der Projektion, 1919 von Walther Bauersfeld entwickelt, popularisierte einen ganz speziellen Raum. Gebäude mit halbkugelförmigen Kuppeln, auf deren Innenfläche Bilder des Sternenhimmels von einem Projektor hervorgerufen werden, erlaubten es nach dem Ende des ersten Weltkrieges sich erneut in bunkerartige Räume zurückzuziehen, während gleichzeitig elaborierte Medientechnik die fensterlosen Schutzwände in die Ferne des Weltalls aufzulösen schien. Das Planetarium wurde während der Dekolonialisierungsprozesse populär: In einer globalisierten Welt existiert dagegen das Modell eines einheitlichen, runden wie symmetrischen Globus, der alles in sich vereint, paradoxerweise nicht mehr. Entsprechende Kunstinstallationen mit Meteoriten verweisen im Zeitalter globalisierter Finanzmärkte nicht mehr auf einen einheitlichen Kosmos, sondern, wie es der Philosoph Peter Sloterdijk beschrieben hat, auf wuchernde, schäumende und amorphe Sphären, die sich gelegentlich überlappen.[28] Solche Sphären können laut Bruno Latour als komplexe Ökosysteme beschrieben werden, die dazu dienen, fragile wie lokale atmosphärische Konditionen beschreib-

den Einschlagort „Pigüem Nonraltá", die Spanier übersetzten dies mit „Campo del Cielo", denn die Menschen beschrieben den Vorfall als Fall einer Masse vom Himmel, Presseankündigung documenta (13) Newsletter vom 13. Juli 2012.

25 Burke 1986 (wie Anm. 11), S. 175.

26 Die indigenen Namen lauten *Pigüem Nonraltá* oder *Otumpa*, siehe Speranza, Graciela: El Chaco en Kassel and the Weight of Uncertainty, in: Faivovich, Guillermo; Goldberg, Nicolás, *The Campo del Cielo Meteorites,* Bd. 2: *Chaco*, Köln 2012 , S. 45–61, hier S. 48. Die dritte Aktion soll sich mit einem weiteren Fund des Campo del Cielo beschäftigen: Der Suche nach dem legendären Meteoriten El Mesón de Fierro, der heute nicht mehr aufzufinden ist, siehe Schwerfel, Peter: Die Himmelsstürmer, in: *art* (Juni 2012), S. 44–47, hier S. 47.

27 Schwerfel 2012 (wie Anm. 26), S. 47.

28 Siehe Sloterdijk, Peter: *Sphären II – Schäume*, Frankfurt am Main 2004.

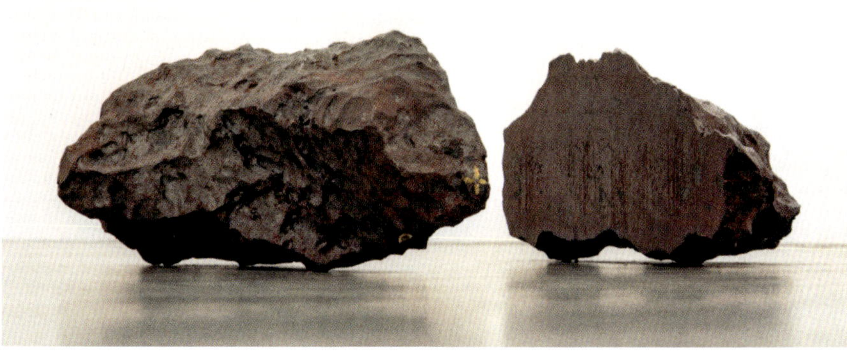

4 | Faivovich & Goldberg: *El Taco*, 2010. Installation mit dem Meteoriten El Taco im Portikus, Frankfurt am Main.

bar zu machen.[29] So liegen vor dem Eingang des Planetario Galileo Galilei drei Meteoriten des Campo del Cielo, doch einer dieser Brocken, der 1962 gefundene, anderthalb Tonnen wiegende El Taco, ist in der Mitte durchgesägt.[30] Eine Präsentation der Dokumente, Berichte und Fotografien, sowie eine begleitende Publikation berichteten von der Reise des Meteoriten, von seinen Ursprüngen im Asteroidengürtel zwischen Mars und Jupiter bis zu seiner Landung im Chaco Austral. An diese Reise schloss sich diejenige Expedition an, welche El Taco 1962 aufspürte, die Verhandlungen, die in seine Überführung in die US-amerikanische Smithsonian Institution resultierten, die Teilung in insgesamt vier Stücke – zwei Hälften, zwei Scheiben sowie 267 Kilogramm Späne – während eines einjährigen Aufenthalts im Mainzer Max-Planck Institut 1965–66 und schließlich der Transport der größeren Hälfte in einen klimakontrollierten Raum in Washington, während die andere Hälfte der Witterung überlassen in Buenos Aires zurück blieb.[31] Farbe und Texturen der beiden Hälften erzählen von den neo-kolonialen Machtverhältnissen. 2010 schafften es die Künstler, den Himmelsstein innerhalb einer Aktion namens *Meteorit „El Taco"* für die Dauer einer Ausstellung im Portikus, Frankfurt, wieder zusammen zu führen, wobei zwischen beiden Hälften eine Lücke gelassen wurde, die verdeutlichte, dass eine dauerhafte Wiedervereinigung in diesem Fall nicht stattfinden würde (Abb. 4).[32] Während

29 Siehe Latour, Bruno: *Eine neue Soziologie für eine neue Gesellschaft. Einführung in die Akteur-Netzwerk-Theorie* (2005), Frankfurt am Main 2007.
30 Siehe Faivovich; Goldberg: *El Taco* 2010 (wie Anm. 24).
31 Eine Hälfte (Teil IV) befindet sich vor dem Planetario Galileo Galilei in Buenos Aires, die andere sowie zwei Scheiben (Teil II, II und I) befinden sich in den Sammlungen der Smithsonian Institution, Suitland Maryland sowie Washington, D.C. Die Späne wurden vom Mainzer Max-Planck Institut in das Senckenberg Naturmuseum, Frankfurt am Main überführt.
32 Faivovich; Goldberg 2010 (wie Anm. 24).

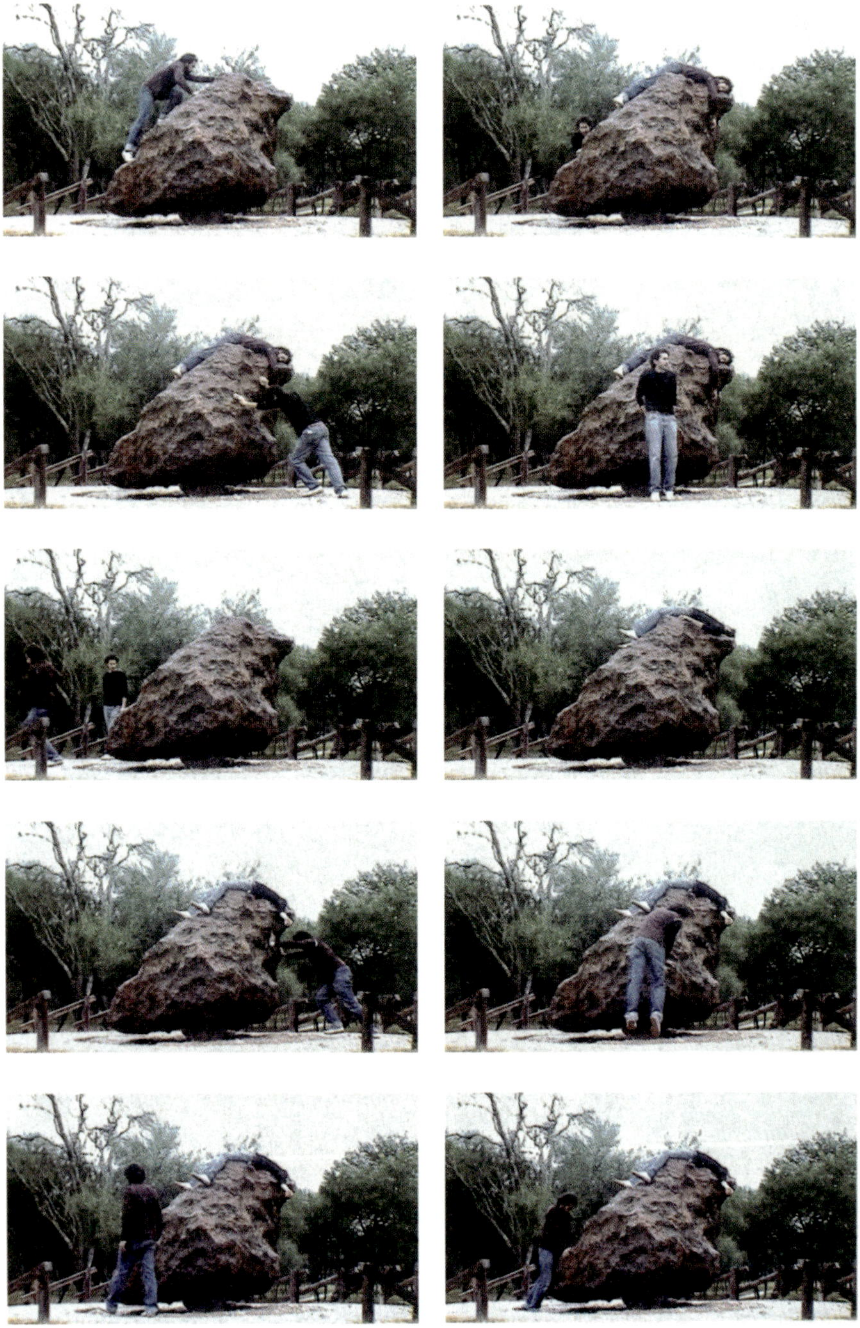

5 | Faivovich & Goldberg: *First Encounter with El Chaco, June 1st.*, 2006. Standbilder, Video, 12 Minuten, Besitz der Künstler.

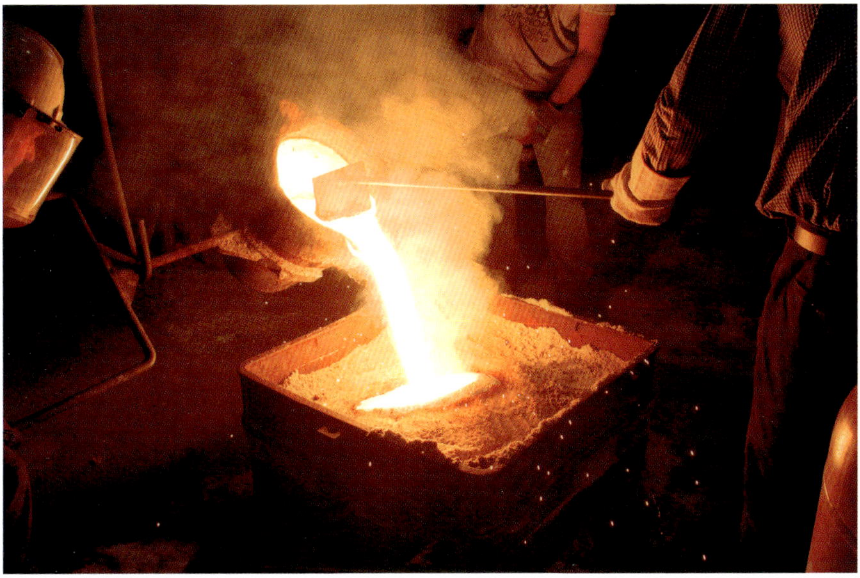

6 | Katie Paterson: *Campo del Cielo, Field of the Sky*, 2012. Aktion mit Meteorit, Raumschiff, Ausstellungsansicht Frac Franche-Comté.

reisende Meteoriten innerhalb dieses Beispiels (neo-)koloniale Verhältnisse thematisieren, blendete die Künstlerin Katie Paterson für ihre Arbeit *Campo del Cielo, Field of the Sky* von 2012 die regionalen Kontexte des Fundorts aus. Sie schmolz einen Eisenmeteoriten, doch ließ sie den Stein anschließend wieder in seine ursprüngliche Form gießen. Durch diesen Vorgang wurde die Struktur des Metalls so verändert, dass eine geologische Altersdatierung nun nicht mehr möglich ist; eine kleine Materialprobe des veränderten Materials entsandte die Künstlerin zwei Jahre später mit dem Raumschiff ATV *Georges Lemaître* wieder ins Weltall (Abb. 6).[33]

Für die zweite Aktion sollte El Chaco, der noch immer an seinem Einschlagsort liegt und mit 37 Tonnen der zweitgrößte Meteorit ist, der je gefunden wurde, anlässlich der documenta 13 nach Kassel reisen, aber dieses Vorhaben scheiterte (Abb. 5): Denn der himmlische, 4,5 Milliarden Jahre alte metallene Brocken, gefunden in Paraje Las Víboras mit einem Schätzwert von 37 Millionen Dollar,[34] löste heftige Bewegungen in Argentinien aus. Die Provinzregierung hatte extra ein Sondergesetz für die Dauer der Kasseler Ausstellung verabschiedet, und die Leiterin Carolyn Christov-Bakargiev versprach der indigenen Moqoit Nation, deren Ältestenrat seine

33 Siehe www.katiepaterson.org/meteorite/ (eingesehen am 1. März 2016).
34 Speranza 2012 (wie Anm. 26), S. 51.

Zustimmung gab, die nötigen Garantien. Das Militär sagte zu, den Meteoriten auf einem Sattelschlepper nach Buenos Aires zu bringen, wo ein Container ihn kostenlos nach Europa bringen würde. Die Reise über den Atlantik hätte die Kampagne der Chaco Provinz unterstützt, Campo del Cielo als World Heritage Site zu deklarieren. Die übliche koloniale Reiseroute, die mit der Ausbeutung von indigenen Gesellschaften verbunden war, sollte durch eine in Argentinien erdachte Süd-Nord-Süd Fahrt ersetzt werden.[35] Doch kam es zu Protesten: Ein argentinischer Ethnologe, der sich auf die Moqoit-Kultur spezialisiert hatte, regionale Wissenschaftler, eine Naturschutzorganisation sowie ein Mitglied der Ibero-American League of Astronomy schalteten sich ein.[36] Diese Gruppe war der Meinung, dass die während der 100 Tage der documenta fehlende Magnetstrahlung des El Chaco ein wesentlicher Eingriff in das Gleichgewicht der Natur darstellen würde.[37] Die unter Kolonialismusverdacht geratenen Künstler sagten die Aktion ab; El Chaco reiste schließlich nur in der Vorstellung nationaler, regionaler sowie kommunaler Autoritäten, Astronomen, Ethnologen, Einwohner der Moqoit Gemeinschaften, Journalisten, parlamentarischer Abgeordneter, Transport- und Versicherungsgesellschaften, Künstler und Kuratoren nach Kassel. Am Ende präsentierten Faivovich und Goldberg auf dem Friedrichsplatz in der Nähe von Walter De Marias *The Vertical Earth Kilometer* (1977) mit *The Weight of Uncertainty* einen rostigen Eisenblock, Faksimiles von Texten und Briefen sowie ein Video, das die erste Begegnung des Duos mit El Chaco im Jahr 2006 dokumentiert (Abb. 5) sowie eine weitere Buchpublikation.[38]

## Verpulvern

Nicht jedem Meteoriten kommt so viel Aufmerksamkeit zu, viele dieser Steine sind offensichlich – zumindest im Namen der Forschung – entbehrlich. Am 13. Juli 2012 brachte Anton Zeilinger, Professor für Physik an der Universität Wien, Direktor des Instituts für Quantenoptik und Quanteninformation der Österreichischen Akademie der Wissenschaften und Mitglied des Beraterstabes der documenta 13, dann doch noch das Fragment eines Meteoriten des Campo del Cielo-Meteoritenfeldes nach Kassel, das sich seit 2004 in der Sammlung des Naturhistorischen Museums in Wien befindet.[39] Zeilinger führte Experimente im Friedericianum durch, sein Team plant, ähnliches Material auf einem Satelliten, der die Erde umkreist, zu

35 Speranza 2012 (wie Anm. 26), S. 51.
36 Ebd., S. 58.
37 Schwerfel 2012 (wie Anm. 26), S. 47.
38 Siehe documenta (13): *Das Begleitbuch, Katalog 3/3*, Ostfildern 2012, S. 60. Eine Abbildung aus der Publikation der Künstler wiederum inspirierte den Geologen Diego Patricio Franández, in den Baracken des Instituts für Geologie und Bergbau auf die Suche zu gehen; er fand mehr als 30.000 historische Negative von geologischen Funden in ganz Argentinien, die jetzt aufbereitet werden, Schwerfel 2012 (wie Anm. 26), S. 47.
39 Siehe Presseankündigung documenta (13) 2012 (wie Anm. 24).

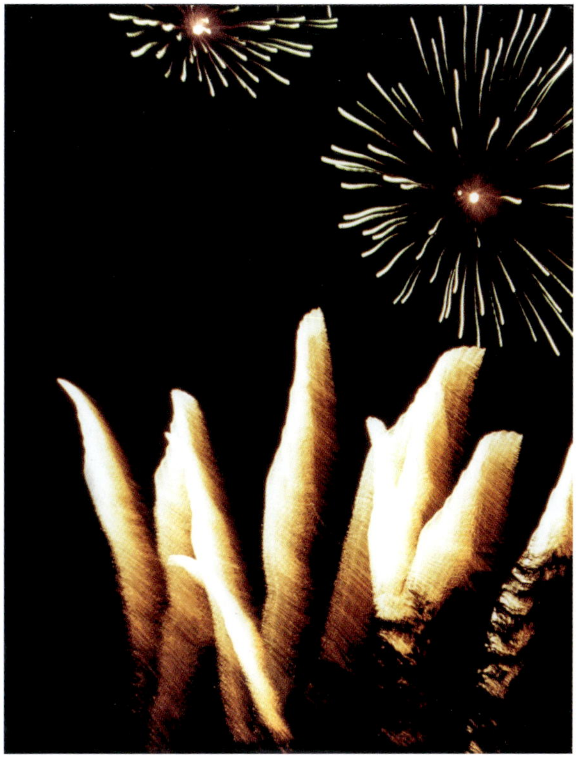

**7** | Cornelia Parker: *a meteorite lands …*, 2000. Aktion mit Meteorit, Birmingham 26. März 2000.

fixieren und so Quantenkommunikation zu etablieren. Wie es Zeilinger erläutert: „Wir haben hier Verbindungen zwischen natürlichem Material, das vom Himmel fiel und Material, das von Menschenhand gemacht ist, denn auch unser Satellit wird eines Tages vom Himmel fallen.“[40] Täglich stürzen schätzungsweise 1000 Tonnen außerirdisches Material auf die Erde, allerdings zum allergrößten Teil bestehend aus mikrometerkleinen Staubkörnern.[41] Seit geraumer Zeit plant die Künstlerin Cornelia Parker, Katie Paterson vergleichbar, den Ballwechsel aufzunehmen und einen Meteoriten zurück ins All zu schicken, doch bislang ist die erhoffte Kooperation mit der NASA nicht zustande gekommen.[42] Statt dessen führte Parker, bekannt für explosive Installationen wie *Cold Dark Matter*, für die 1991 eine Hütte in die Luft gejagt wurde, zur Jahrtausendwende ein Projekt mit der Ikon Gallery in Birmingham durch. Am 26. März 2000 wurde um 20.00 Uhr für *a meteorite lands…* ein spektakuläres Feuerwerk vom Dach des zylinderförmigen Hochhauses Rotun-

40 Siehe Presseankündigung documenta (13) 2012 (wie Anm. 24).

41 Brandstätter; Ferrière 2014 (wie Anm. 2), S. 21.

42 Morgan, Jessica: Meteor or Metaphor, in: Ausst.-Kat. *Cornelia Parker: a meteorite lands*, Ikon Gallery, Birmingham 2000, S. 17–40, hier S. 40.

da abgebrannt (Abb. 7). Die Pyrotechnik setzte sich nicht allein aus Schwarzpulver zusammen, sondern enthielt auch einen pulverisierten Meteoriten, der 1516 in Natan, Guangxi, China, eingeschlagen war.[43] Seine Verfeuerung stellte das vorläufige Ende der kosmischen Reise dieses Steins dar; ein glitzernder mikroskopischer Meteoritenregen ging über Birminghams Bull Ring nieder, und seit 2004 verkünden zwei Plaketten in den umliegenden Gehwegen, dass hier zum Anbeginn des neuen Milleniums ein Meteorit niedergeschlagen ist.[44] Wie es Parker beschreibt: „I've always loved found objects but for me it's important to do something to them: I have to kill them off, so that I can remake them."[45]

Es existiert in Europa, Eurasien und Nordamerika der Volksglaube, dass beim Anblick einer Sternschnuppe ein Wunsch in Erfüllung gehen würde.[46] Während Kunstkritiker die Explosion von *Cold Dark Matter* mit den Bombenanschlägen der IRA im London der 1980er und 90er Jahre in Verbindung brachten,[47] erscheint das Spektakel von *a meteorite lands...* in anderem Licht. Der Event ist ein Anti-Monument und generiert im Zeitalter der Computerclouds ein Bewusstsein für die Materialität digitaler Welten. Gleichzeitig erzeugt dieses Werk Aufmerksamkeit und könnte als Versuch gedeutet werden, mit dem Bull Ring das Herz des Kapitalismus neu zu beleben – auf diesem Areal wurde ein Jahr später ein neues Einkaufszentrum errichtet. Nur wenige Monate nach der ersten Aktion schuf die Künstlerin in Boston ein zweites Werk mit einem Meteoriten, gewissermaßen als kritischen Kommentar. Hier warf sie am am 27. und 28. Juni 2000 einen vom Mond stammenden Meteoriten sowie das Fragment eines Sterns in zwei Seen, die im Emerald Necklace, den öffentlichen Parks der Stadt, situiert sind. Am nächsten Morgen wurden zwei Plaketten angebracht, die verkündeten: „At the bottom of this lake lies a fragment of a star" sowie „At the bottom of this lake lies a piece of the moon."[48] (Abb. 8) Während für nordamerikanische Land Art wie Michael Heizers Double *Negative* viele Tonnen Erde mit schweren Maschinen bewegt wurden – ähnliches planten Faivovich und Goldberg mit El Chaco –, so generiert Cornelia Parker statt heroischer Gesten nur eine Staubwolke sowie ein paar Wasserwellen. Über außerirdisches Material werden in ihrer Kunst zwar Himmelserscheinungen greifbar. Doch stellt sich bei Parker kein erhabener Schauer ein, denn ihre Materialproben aus dem All verwandeln sich auf der Erde zu nichts weiter als Dreck und Staub, wie es der Mono-ha Künstler Katsuragawa Sei (aka Suga Kishio) 1969 anlässlich der Mondlandung beschreibt:

43 Morgan 2000 (wie Anm. 42), S. 31. Vergleichbare Aktionen wurden in Kopenhagen, Boston und Mailand durchgeführt, siehe ebd., S. 25.

44 Watkins, Jonathan: Foreword, in: Ausst.-Kat. *Cornelia Parker* 2000 (wie Anm. 42), S. 5.

45 A Strange Alchemy: Cornelia Parker Interviewed by Lisa Tickner, in: *Art History*, 26:3 (Juni 2003), S. 364–391, hier S. 368.

46 Burke 1986 (wie Anm. 11), S. 215.

47 Cornelia Parker zit. nach Blazwick, Iwona: *Cornelia Parker*, London 2013, S. 48.

48 Morgan 2000 (wie Anm. 42), S. 32.

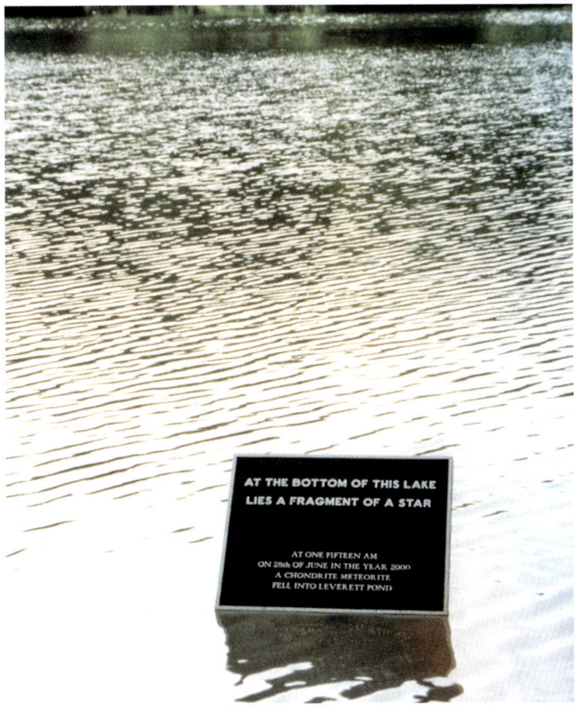


**8** | Cornelia Parker: *At the Bottom of this Lake Lies a Fragment of a Star,* 2000. Aktion mit Meteorit, Boston 28. Juni 2000.

> „If we know anything, it is the abstract fact that the stones and dust were transported from the moon to Earth across a vast space and the paltry scientific data relating to them – stones and dust, that is, that have lost their specific designation ‚of the moon'."[49]

Es bedarf unter Umständen genauer Beobachtungen und Analysen, um zwischen einem irdischen Stein und einem Meteoriten zu unterscheiden, die chemische Zusammensetzung kann ähnlich ausfallen.[50] Während Steine laut Roger Caillois „nicht mal des Todes gewärtig sein müssen und nichts weiter zu tun haben, als sich Sand, Platzregen oder Brandung, Unwetter und Zeit übers Gesicht rieseln zu lassen",[51] betont Cornelia Parker über Himmelssteine und ihre Reise jedoch das Ephemere sowie unsere eigene Sterblichkeit: „We always have this tense relationship with the surface of the earth, we stand on it till we die, and then we're somehow inhaled back into it as dust."[52]

49 Sei, Katsuragawa (aka Kishio, Suga): The Start of Disappearance: As Things Deny Things (1969) in: Ausst.-Kat. *Mono-ha: Requiem for the Sun*, Blum & Poe, Los Angeles 2012, S. 219–222, hier S. 220.

50 Burke 1986 (wie Anm. 11), S. 1.

51 Caillois 1966 / 1983 (wie Anm. 5), S. 5.

52 Parker; Tickner 2003 (wie Anm. 45), S. 386.

# AUTORINNEN UND AUTOREN

*Michael Friedrich* studierte Sinologie, Philosophie und Japanologie in Freiburg i. Br., Taipeh und München, dort Promotion (1984) und Habilitation (1990) im Fach Sinologie, seit 1994 Professor für Sprache und Literatur Chinas an der UHH. Forschungsgebiete: chinesische Geistesgeschichte, Rezeption der chinesischen Kultur in Europa, Manuskriptologie. Leiter des SFB Manuskriptkulturen.

*Sarah Koch* hat am Asien-Afrika-Institut der Universität Hamburg ihren Magister in Sinologie mit einer Arbeit über die Ikonografie des Taihu-Steins anhand literarischer Texte aus dem 7. bis 12. Jahrhunderts abgeschlossen. Heute arbeitet und lebt sie in Shanghai.

*Petra Lange-Berndt* ist Professorin für moderne und zeitgenössische Kunst am Kunstgeschichtlichen Seminar der Universität Hamburg. Sie hat u.a. zu Animal Art (*Präparierte Tiere in der Kunst*, 1850–2000, Silke Schreiber 2009) und Materialfragen (*Materiality: Documents of Contemporary Art*, MIT Press, 2015) publiziert.

*Uta Lauer* ist derzeit Senior Fellow an der China Academy of Art, Hangzhou. Sie wurde 2000 an der Universität Heidelberg promoviert und hatte Gastprofessuren in Shanghai, Stockholm und Hamburg inne. Forschungsschwerpunkte sind Kalligrafie, Ikonografie, Kunst der Yuan Zeit. Sie veröffentlichte u.a. Xu Wei (1521–1593) Felsen und Bananenblätter, in: Ausst.-Kat. *Wege ins Paradies oder Die Liebe zum Stein in China*. Museum Rietberg Zürich, 1998, S. 150–151 (Nr. 56).

*Yamit Rachman-Schrire* promovierte an der Hebrew University, Jerusalem. Sie ist Post-doc Fellow am Yad Ben-Zvi Institut und arbeitet derzeit an der Schnittstelle von Natur und Kunst, über Vorstellungen des Wunderbaren, speziell über Steine und Felsen als Mittler in spätmittelalterlichen Pilgerberichten.

*Kathrin Rottmann* studierte Kunstgeschichte, Archäologie und Literaturwissenschaften und promovierte in Kunstgeschichte an der Universität Hamburg (*„Aesthetik von unten". Pflaster und Asphalt in der bildenden Kunst der Moderne*, München 2016). Sie ist wissenschaftliche Mitarbeiterin am Kunstgeschichtlichen Institut der Ruhr-Universität Bochum.

*Regina Siemß* studierte Sinologie, Kunstgeschichte und Rechtswissenschaften; sie schrieb ihre Magisterarbeit über die politische Ikonografie chinesischer Propagandaposter. Von 2013 bis 2016 war sie wissenschaftliche Mitarbeiterin der Abteilung für Sprache und Kultur Chinas (Hamburg). Sie arbeitet an ihrem Promotionsvorhaben *Die Materialikonographie des Lingbi-Steins während der Song-Dynastie.*

*Monika Wagner* lehrte bis 2009 Kunstgeschichte an der Universität Hamburg. Ihre Forschungsschwerpunkte liegen in der Kunst des 18. bis 20. Jahrhunderts, der Gestaltung des öffentlichen Raums und der Materialikonografie und Materialästhetik. Sie veröffentlichte u.a. *Das Material der Kunst. Eine andere Geschichte der Moderne* (München ²2013).

*Vera Wolff* ist derzeit Assistentin an der Professur für Wissenschaftsforschung der ETH Zürich. Sie veröffentlichte u.a. *Die Rache des Materials. Eine andere Geschichte des Japonismus* (Zürich, Berlin 2015); „Not the real thing at all." Zur kulturellen Übersetzung künstlerischer Techniken am Beispiel der japanischen Ölmalerei, in: Keinz, Anika; Schönberger, Klaus; Wolff, Vera (Hg.): *Kulturelle Übersetzungen*, Berlin 2012, S. 67–96.

# ABBILDUNGSNACHWEIS

Leider war es nicht in allen Fällen möglich, die Inhaber der Rechte zu ermitteln. Es wird deshalb gegebenenfalls um Mitteilung gebeten.

## Koch

1 © OpenStreetMap-Mitwirkende
2 © Kemin Hu (http://www.spirit-stones.com/2008/02/21/shou-zhou-lou-tou-szlt/)
3, 4 Archiv der Autorin
5 © Kemin Hu (http://www.spirit-stones.com/2008/02/07/taihu-stone/)
6 Courtesy of the Indianapolis Museum of Art

## Friedrich

1 Twitchett, Denis: *The Cambridge History of China*, Bd. 3, Teil 1, Cambridge, London, New York 1979, S. 520

## Siemß

1, 2 © The Collection of National Palace Museum, Taipei

## Lauer

1, 2 Archiv der Autorin

## Wagner

1 Archiv der Autorin
2 © Bryan Tan
3–5 *China Pictorial*, 9, 1977
6, 7 Materialarchiv, Universität Hamburg
8, 9 Archiv der Autorin

## Wolff

1 Bijutsu techô 34 (1950), S. 47
2 Ausst. Kat. Gendai no me: *Nihon no bijutsushi kara/Today's Focus: On the History of Japanese Art*, National Museum of Modern Art, Tokyo 1955, S. 48
3 Shigemori, Mirei; Shigemori, Kanto: *The Artistic Garden of Japan/Nihon no teien geijutsu*, Bd. 3, Tokyo 1957, S. 124
4 Altshuler, Bruce: *Isamu Noguchi*, New York, London, Paris 1994, S. 64
5 Arts and Architecture (January 1959), S. 13
6 Altshuler, Bruce: *Isamu Noguchi*, New York, London, Paris 1994, S. 75
7 © The Isamu Noguchi Foundation and Garden Museum, New York/ProLitteris, Zürich 2017
8 Noguchi, Isamu: *The Isamu Noguchi Garden Museum*, New York 1987, S. 185

## Rottmann

1 Purchased with funds provided by Jane and Terry Semel, Bobby Kotick, Carole Bayer Sager and Bob Daly, Beth and Joshua Friedman, Steve Tisch Family Foundation, Elaine Wynn, Linda, Bobby, and Brian Daly, Richard Merkin, MD, and the Mohn Family Foundation, and dedicated by LACMA to the memory of Nancy Daly. Transportation made possible by Hanjin Shipping Holdings Co., Ltd. (M.2011.35), © Michael Heizer / Triple Aught Foundation
2 C-Monster, CC BY-NC 2.0, https://www.flickr.com
3 © Michael Heizer / Triple Aught Foundation. Courtesy of the artist and Gagosian Gallery; Foto: Rob McKeever
4 © The J. Paul Getty Trust. Getty Research Institute, Los Angeles (2004.R.10)
5 Digital Commonwealth, http://ark.digitalcommonwealth.org/ark:/50959/bz60d3156 (letzter Zugriff am 16. Februar 2016)
6 © Courtesy Sprüth Magers, Matthew Marks Gallery, Eva Presenhuber
Copyrigth: Peter Fischl/David Weiss, Zürich 2016. Foto: Dominic Alves, CC BY 2.0, https://www.flickr.com
7 http://www.arthermitage.org/Jacob-van-de-Shlay/Hauling-of-the-Thunder-Stone-for-the-Monument-to-Peter-the-Great.html (letzter Zugriff am 16.2.2016)
8 Bildarchiv Foto-Marburg

## Rachman-Schrire

1 Archiv der Autorin
2 © Vatican Museums. All rights reserved
3 Archiv der Autorin

## Lange-Berndt

1 *Artforum*, April 2012
2 © The Estate of Sigmar Polke, Cologne/VG Bild-Kunst, Bonn 2017
3 Ausst.-Kat. *Lynda Benglis*, Van Abbemuseum, Eindhoven u.a. 2009, S. 269
4 Courtesy of the artists; Courtesy of Portikus Frankfurt am Main
5 Courtesy of the artists
6 Foto © MJC, 2012, im Auftrag des Royal Borough of Kensington and Chelsea, London
7 © the artist, Frith Street Gallery London, Ikon Gallery Birmingham
8 © the artist, Frith Street Gallery London, Ikon Gallery Birmingham

# ORTSREGISTER

# PERSONENREGISTER